ゼロからはじめる ドコモ【エクスペリア ファイブ マークツー】

XPERIA5 II

docomo

【Xperia 5 II SO-52A】

スマートガイド

技術評論社編集部 著

技術評論社

CONTENTS

Chapter 1
Xperia 5 II SO-52A のキホン

Chapter 2
電話機能を使う

Chapter 3
メールやインターネットを利用する

Chapter 4
Google のサービスを使いこなす

CONTENTS

Chapter 5 ドコモのサービスを使いこなす

Chapter 6 音楽や写真・動画を楽しむ

Chapter 7
便利な機能を使ってみる

ご注意：ご購入・ご利用の前に必ずお読みください

●本書に記載した内容は、情報の提供のみを目的としています。したがって、本書を用いた運用は、必ずお客様自身の責任と判断によって行ってください。これらの情報の運用の結果について、技術評論社および著者、アプリの開発者はいかなる責任も負いません。

●ソフトウェアに関する記述は、特に断りのない限り、2020年12月現在での最新バージョンをもとにしています。ソフトウェアはバージョンアップされる場合があり、本書での説明とは機能内容や画面図などが異なってしまうこともあり得ます。あらかじめご了承ください。

●本書は以下の環境で動作を確認しています。ご利用時には、一部内容が異なることがあります。あらかじめご了承ください。
端末 ： Xperia 5 II SO-52A（Android 10）
パソコンのOS ： Windows 10

●インターネットの情報については、URLや画面などが変更されている可能性があります。ご注意ください。

以上の注意事項をご承諾いただいたうえで、本書をご利用願います。これらの注意事項をお読みいただかずに、お問い合わせいただいても、技術評論社は対処しかねます。あらかじめ、ご承知おきください。

Chapter 1

Xperia 5 II SO-52Aのキホン

Xperia 5 II SO-52Aについて

Xperia 5 II SO-52A（以降はXperia 5 IIと表記）は、NTTドコモのAndroidスマートフォンです。NTTドコモの5G通信規格に対応しており、優れたカメラやオーディオ機能を搭載しています。

各部名称を覚える

❶	ヘッドセット接続端子	❽	スピーカー	⓮	フラッシュ／フォトライト
❷	セカンドマイク	❾	送話口／マイク	⓯	RGBC-IRセンサー
❸	フロントカメラレンズ	❿	音量キー／ズームキー	⓰	カメラレンズ（メインカメラ）
❹	受話口／スピーカー	⓫	電源キー／指紋センサー		
❺	近接／照度センサー			⓱	ドコモnanoUIMカード／microSDカード挿入口
❻	通知LED	⓬	アシスタントキー		
❼	タッチスクリーン	⓭	カメラキー	⓲	USB Type-C接続端子

Xpeira 5 IIの特徴

●トリプルレンズカメラ

超広角レンズ
風景などをより広く撮影することができます。16mm（35mm換算以下同）、約1220万画素／F値2.2／デュアルフォトダイオード。

望遠レンズ
遠くの被写体を鮮明に撮影することができます。70mm、約1220万画素／F値2.4／ハイブリッド手ブレ補正（光学式＋電子式）。

標準レンズ
夜景や暗い場所でも綺麗に撮影することができます。24mm、約1220万画素／F値1.7／デュアルフォトダイオード／ハイブリッド手ブレ補正（光学式＋電子式）。

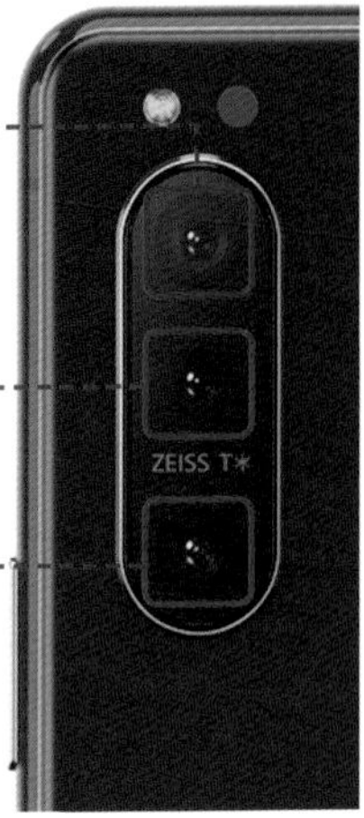

●21:9 マルチウィンドウとマルチウィンドウスイッチ

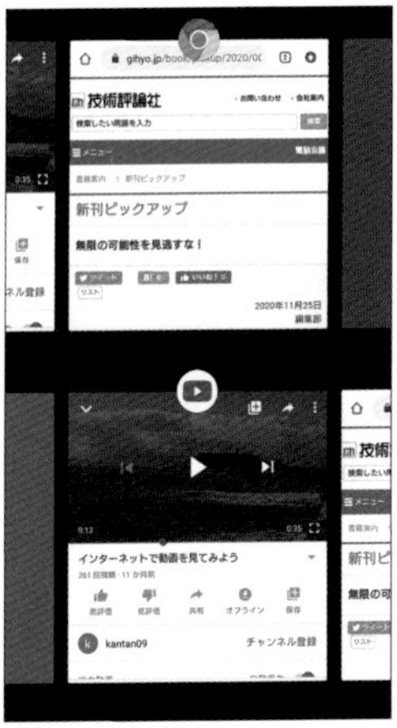

21:9の縦長画面を活かして2つのアプリを同時に表示。ニュースやYouTubeを見ながら情報を検索することができます。

マルチウィンドウは、上下それぞれのアプリの画面を横にスライドするだけで、かんたんにほかのアプリに切り替えられます。

Section 02

5Gについて

Xperia 5 IIの特徴の1つは、5Gに対応していることですが、そもそも5Gとは何かを簡単に説明します。また、5Gが利用できるエリアを確認しておきましょう。

1

5Gとは?

「5G」とは、第5世代のモバイル通信規格のことです。5Gは、現在主流の4Gに比べて通信速度が高速で、ネットワークの遅延が少なく、より多数の同時接続が可能といった特徴を持っています。

5Gに用いられる電波は、従来の4Gが3.5GHz以下であるのに対し、3.5GHzから28GHzといった、高い周波数帯を使用します。また、この5Gに用いられる周波数帯は、6GHz以下を使用する「サブ6」（Sub6およびSub6-CA）と、28GHz前後より高い周波数を使用する「ミリ波」（mmWave）の2つに分類されますが、Xperia 5 IIはこの「サブ6」に対応しています。

5Gでも、携帯電話各社にそれぞれ利用する周波数帯が割り当てられており、NTTドコモの割り当ては下の図の赤い部分になっています。

【3.7GHz帯】

NTTドコモ 100MHz↑↓	KDDI 100MHz↑↓	楽天モバイル 100MHz↑↓	ソフトバンク 100MHz↑↓	KDDI 100MHz↑↓
3600MHz–3700MHz	3700MHz–3800MHz	3800MHz–3900MHz	3900MHz–4000MHz	4000MHz–4100MHz

【4.5GHz帯】

NTTドコモ 100MHz↑↓
4500MHz–4600MHz

【28GHz帯】（Xperia 5 IIでは利用不可）

楽天モバイル 400MHz↑↓	NTTドコモ 400MHz↑↓	KDDI 400MHz↑↓		ソフトバンク 400MHz↑↓
27.0GHz–27.4GHz	27.4GHz–27.8GHz	27.8GHz–28.2GHz	28.2GHz–29.1GHz	29.1GHz–29.5GHz

5Gが利用できるスポット

ドコモの5Gサービスは、2020年3月25日から提供されています。当初は、全国150か所での提供になります。
ドコモのWebサイト（https://www.nttdocomo.co.jp/area/5g/）では、5G通信が利用可能な施設・スポットの一覧（https://www.nttdocomo.co.jp/binary/pdf/area/5g/5g_area.pdf）が公開されています。この一覧は随時更新されており、2020年夏以降に対応する予定の施設も掲載されていますので、確認してみてください。
一覧を見てもわかるように、提供エリアは限定的で、まだ特定のスポットで使えるだけという状態です。また、5Gの電波の性質上、4G LTEと比べて屋内に電波が届きにくいため、サービススポット内であっても5G通信ができない場合があります。とはいっても、5Gが利用できないエリアでは自動的に4G LTEが利用されるので、データ通信ができなくなることはありません。

●4G LTE通信と5G通信の違い

従来の4G LTE通信（NTTドコモでの名称はPREMIUM 4G）と、最新の5G通信の違いは、以下の表の通りです。現時点では速度に劇的な違いはありませんが、5Gでは非常に低遅延の通信が可能です。また、イベント会場やスタジアムなどの人が密集する場所では、5Gのほうが高速かつ安定した通信が可能です。

	4G（LTE-Advanced）	5G
日本の割当周波数帯	700MHz ～ 3.5GHz	3.3 ～ 4.2GHz（n77） 3.3 ～ 3.8GHz（n78） 4.4 ～ 5GHz（n79） 26.5 ～ 29.5GHz（n257）
帯域幅	1.4 ～ 20MHz	10 ～ 100MHz（Sub6帯） 50 ～ 400MHz（ミリ波帯）
通信遅延	10ms	1ms
高速化・安定化技術	4x4 MIMO キャリアアグリゲーション	Massive MIMO ビームフォーミング
通信速度（理論値）	下り3Gbps／上り1.5Gbps	下り20Gbps／上り10Gbps
通信速度 （NTTドコモ）	下り1.7Gbps／ 上り131.3Mbps （PREMIUM 4G）	・ミリ波帯使用時（一部の機種で提供）下り4.1Gbps／上り480Mbps ・Sub6帯（Sub6-CA）使用時 下り4.2Gbps／上り218Mbps
実効速度 （NTTドコモ）	下り168 ～ 299Mbps 上り23 ～ 45Mbps （NTTドコモHPより）	下り410 ～ 779Mbps 上り96 ～ 192Mbps （NTTドコモによる推定値）

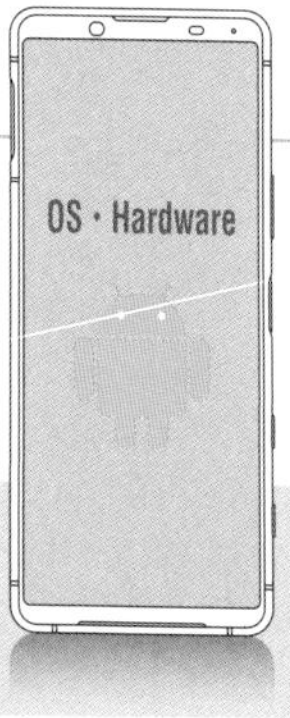

電源のオン・オフとロックの解除

電源の状態には、オン、オフ、スリープモードの3種類があります。3つのモードは、すべて電源キー／画面ロックキーで切り替えが可能です。一定時間操作しないと、自動でスリープモードに移行します。

ロックを解除する

① スリープモードで電源キー／画面ロックキーを押します。

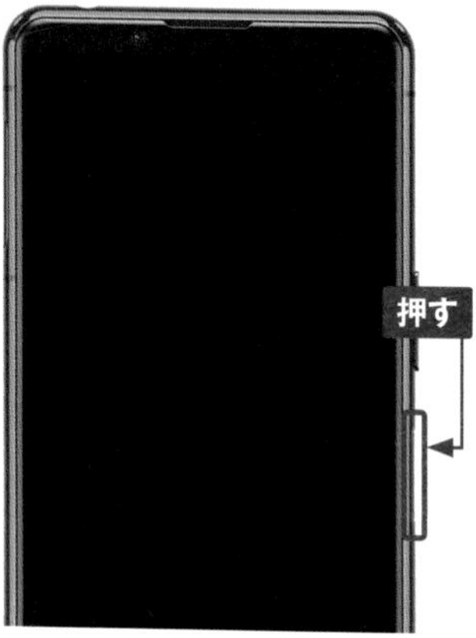

② ロック画面が表示されるので、画面を上方向にスワイプ（P.15参照）します。

③ ロックが解除され、ホーム画面が表示されます。再度、電源キー／画面ロックキーを押すと、スリープモードになります。

MEMO ロック画面とアンビエント表示

Xperia 5 IIには、スリープモードでの画面に時刻などの情報を表示する「アンビエント表示」機能があります（Sec.57参照）。ロック画面と似ていますが、スリープモードのため手順②の操作を行ってもロックは解除されません。画面をダブルタップするか、電源キー／画面ロックキーを押して、ロック画面を表示してから手順②の操作を行ってください。

電源を切る

① 電源が入っている状態で、電源キー／画面ロックキーを1秒以上押します。

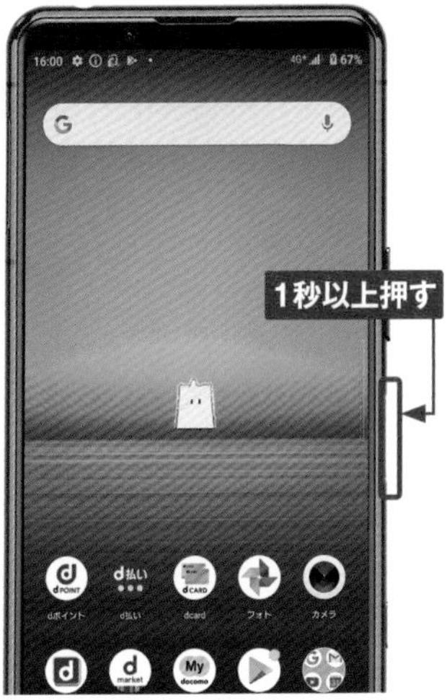

② メニューが表示されるので、<電源を切る>をタップすると、完全に電源がオフになります。

③ 電源をオンにするには、電源キー／画面ロックキーを3秒以上押します。

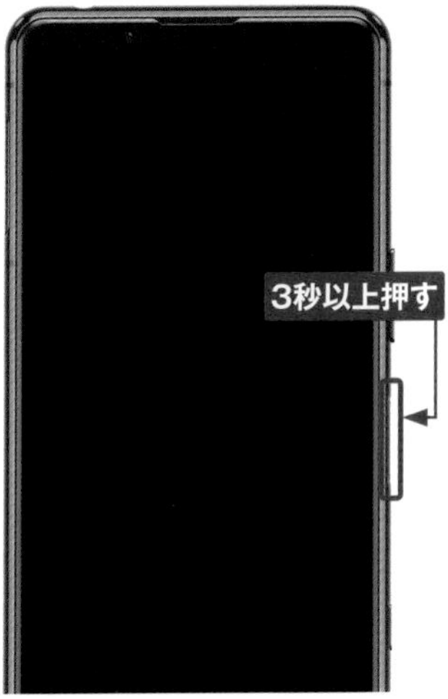

MEMO ロック画面からのカメラの起動

ロック画面から直接カメラを起動するには、ロック画面でをスワイプします。

Section 04

基本操作を覚える

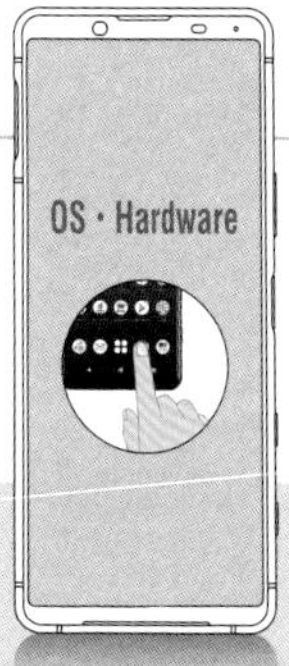

Xperia 5 IIのディスプレイはタッチスクリーンです。指でディスプレイをタッチすることで、いろいろな操作が行えます。また、本体下部にある2種類のキーアイコンの使い方も覚えましょう。

キーアイコンの操作

MEMO キーアイコンとオプションメニューアイコン

本体下部にある3つのアイコンをキーアイコンといいます。キーアイコンは、基本的にすべてのアプリで共通する操作が行えます。また、一部の画面ではキーアイコンの右側か画面右上にオプションメニューアイコン⋮が表示されます。オプションメニューアイコンをタップすると、アプリごとに固有のメニューが表示されます。

キーアイコンとその主な機能		
	戻る	タップすると1つ前の画面に戻ります。メニューや通知パネルを閉じることもできます。
	ホーム	タップするとホーム画面が表示されます。ロングタッチすると、Googleアシスタントが起動します。
	最近使用したアプリ	ホーム画面やアプリ利用中にタップすると、最近使用したアプリの一覧がサムネイルで表示されます。
	画面の回転	本体の向きと表示画面の向きが異なる場合に表示され、タップすると縦／横画面表示が切り替わります。

タッチスクリーンの操作

タップ／ダブルタップ

タッチスクリーンに軽く触れてすぐに指を離すことを「タップ」、同操作を2回くり返すことを「ダブルタップ」といいます。

スライド（スクロール）

文字や画像を画面内に表示しきれない場合など、タッチスクリーンに軽く触れたまま特定の方向へなぞることを「スライド」または「スクロール」といいます。

ロングタッチ

アイコンやメニューなどに長く触れた状態を保つことを「ロングタッチ」といいます。

スワイプ（フリック）

タッチスクリーン上を指ではらうように操作することを「スワイプ」または「フリック」といいます。

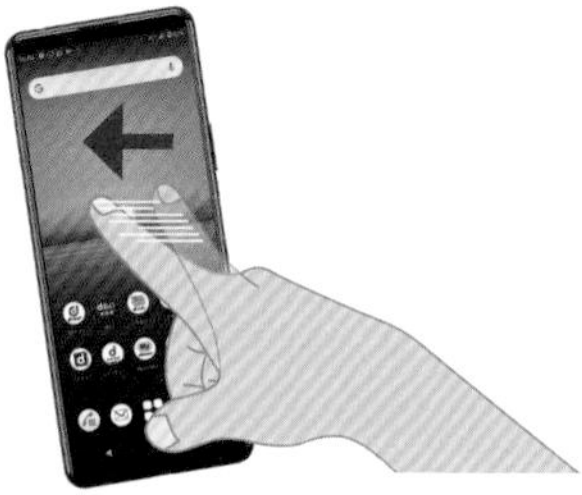

ピンチ

2本の指をタッチスクリーンに触れたまま指を開くことを「ピンチアウト」、閉じることを「ピンチイン」といいます。

ドラッグ

アイコンやバーに触れたまま、特定の位置までなぞって指を離すことを「ドラッグ」といいます。

Section 05

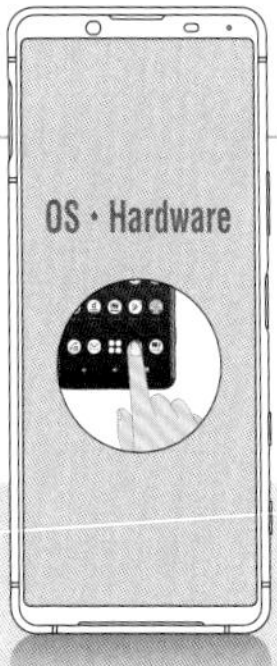

ホーム画面の使い方

タッチスクリーンの基本的な操作方法を理解したら、ホーム画面の見方や使い方を覚えましょう。本書ではホームアプリを「docomo LIVE UX」に設定した状態で解説を行っています。

ホーム画面の見方

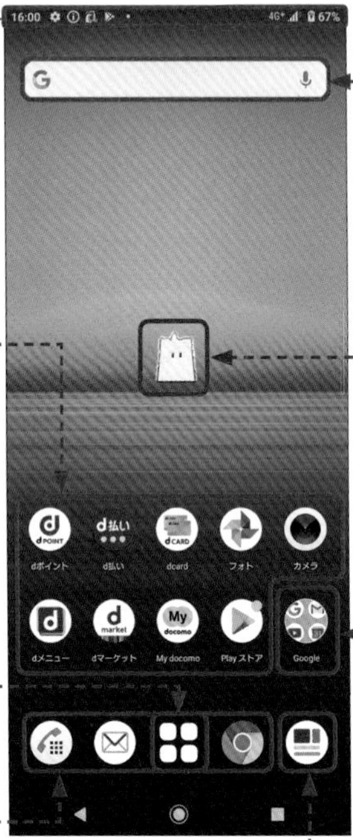

ステータスバー
ステータスアイコンや通知アイコンが表示されます（P.18～19参照）。

ウィジェット
アプリが取得した情報を表示したり、設定のオン／オフを切り替えたりすることができます（P.24参照）。

アプリアイコン
「dメニュー」などのアプリのアイコンが表示されます。

マチキャラ
タップすると、知りたいことに応えてくれます（Sec.39参照）。

機能ボタン
最近使ったアプリや、アプリ一覧が表示されます。

フォルダ
アプリアイコンを1箇所にまとめることができます。

ドック
ホーム画面を切り替えても常に同じアプリアイコンが表示されます。

マイマガジンボタン
タップすると、ユーザーが選んだジャンルの記事を表示する「マイマガジン」を利用できます。

インジケーター
現在見ているホーム画面の位置を示しています。ホーム画面を切り替えるときに表示されます。

ホーム画面を左右に切り替える

1 ホーム画面は、左右に切り替えることができます。まずは、ホーム画面を左方向にスワイプ（フリック）します。

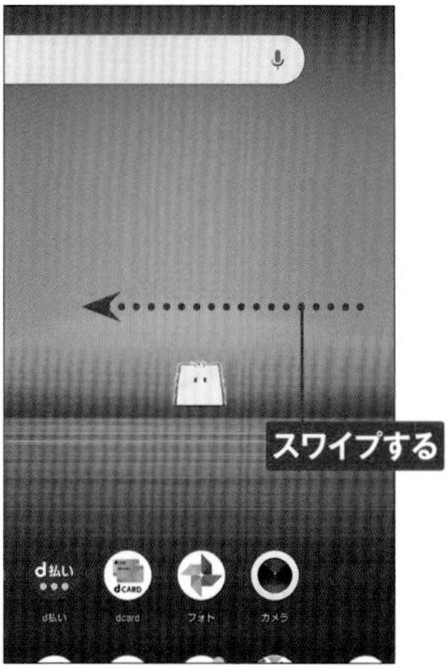

2 ホーム画面が、1つ右の画面に切り替わります。

3 ホーム画面を右方向にスワイプ（フリック）すると、もとの画面に戻ります。

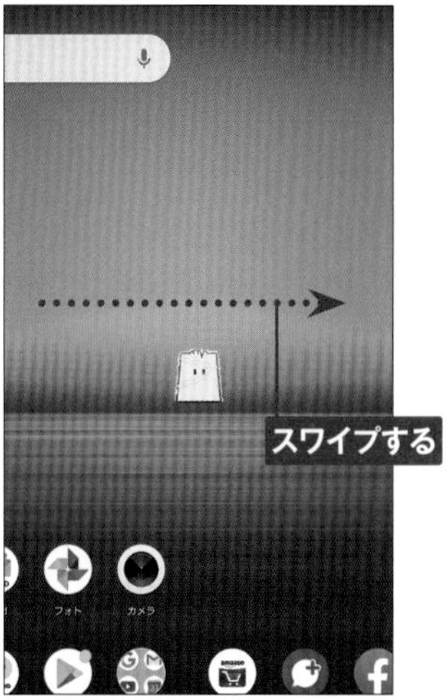

MEMO **ホーム画面を上下にスワイプ**

ホーム画面を上方向にスワイプすると、マイマガジンボタンをタップしなくても「マイマガジン」を利用することができます。

1

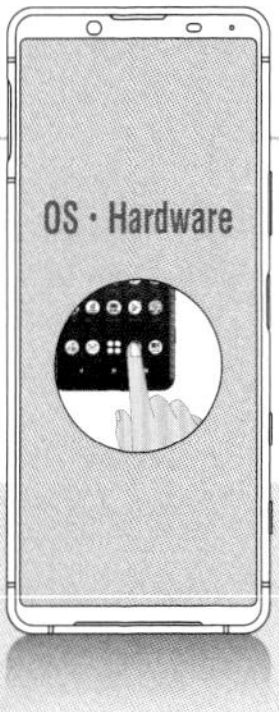

情報を確認する

画面上部に表示されるステータスバーから、さまざまな情報を確認することができます。ここでは、通知される表示の確認方法や、通知を削除する方法を紹介します。

ステータスバーの見方

通知アイコン

不在着信や新着メール、実行中の作業などを通知するアイコンです。

ステータスアイコン

電波状態やバッテリー残量など、主にXperia 5 IIの状態を表すアイコンです。

通知アイコン		ステータスアイコン	
	新着ドコモメールあり		マナーモード（ミュート）設定中
	不在着信あり		マナーモード（バイブレーション）設定中
	伝言メモあり		Wi-Fi接続中
	新着+メッセージ／SMSあり		電波の状態
	データを受信／ダウンロード		バッテリー残量
	非表示の通知あり		Bluetooth接続中

通知を確認する

1 メールや電話の通知、Xperia 5 IIの状態を確認したいときは、ステータスバーを下方向にドラッグします。

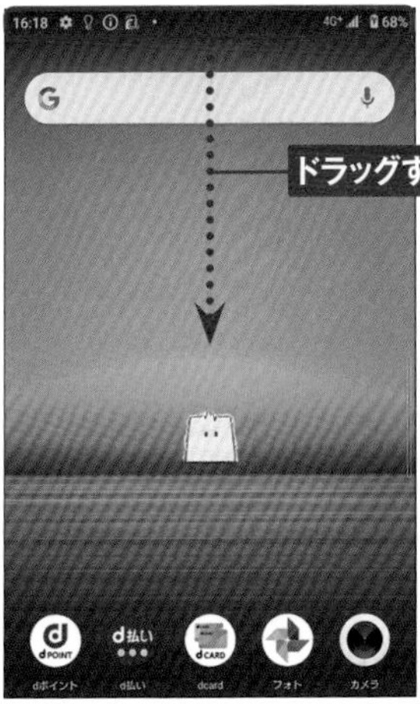

2 通知パネルが表示されます。各項目の中から不在着信やメッセージの通知をタップすると、対応するアプリが起動します。ここでは＜すべて消去＞をタップします。

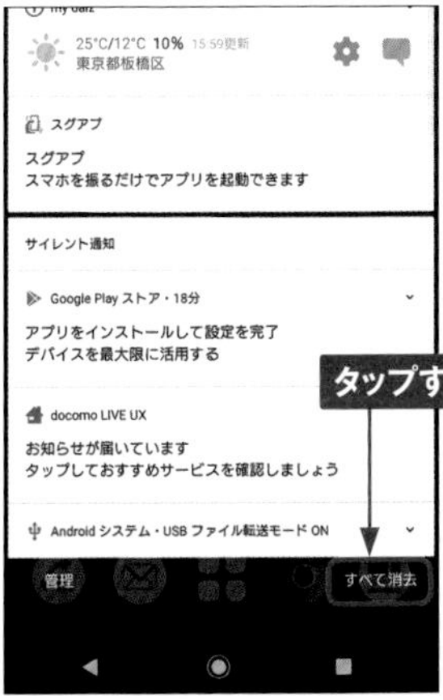

3 通知パネルが閉じ、通知アイコンの表示も消えます（削除されない通知アイコンもあります）。なお、通知パネルを上方向にドラッグするか、◀をタップすることでも、通知パネルが閉じます。

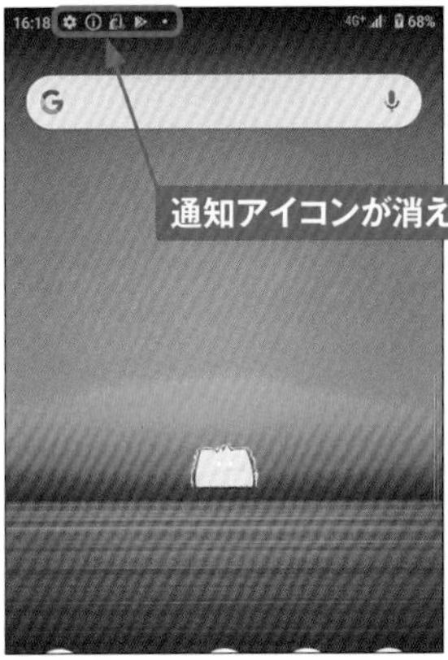

MEMO ロック画面での通知表示

スリープモード時に通知が届いた場合、ロック画面に通知内容が表示されます。ロック画面に通知を表示させたくない場合は、Sec.51を参照してください。

Section 07

アプリを利用する

「すべてのアプリ」画面には、さまざまなアプリのアイコンが表示されています。それぞれのアイコンをタップするとアプリが起動します。アプリの終了方法や切り替え方もあわせて覚えましょう。

アプリを起動する

1 ホーム画面を表示し、機能ボタンをタップします。

2 「すべてのアプリ」画面が表示されるので、画面を上下にスワイプし、任意のアプリを探してタップします。ここでは、<設定>をタップします。

3 「設定」アプリが起動します。アプリの起動中に◀をタップすると、1つ前の画面（ここでは「アプリフォルダ」画面）に戻ります。

MEMO

アプリのアクセス許可

アプリの初回起動時に、アクセス許可を求める画面が表示されることがあります。その際は<許可>をタップして進みます。許可しない場合、アプリが正しく機能しないことがあります（対処方法はSec.67参照）。

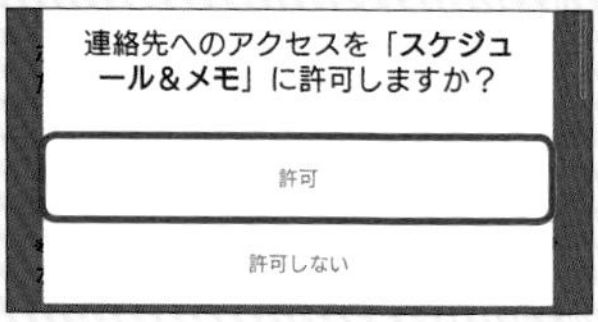

アプリを終了する

① アプリの起動中やホーム画面で ■ をタップします。

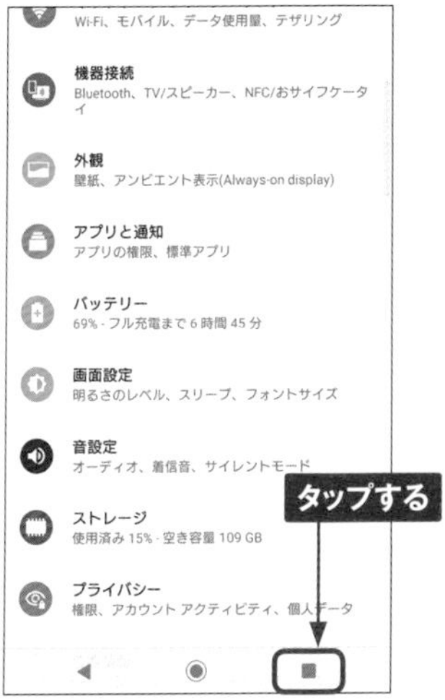

② 最近使用したアプリが一覧表示されるので、左右にスワイプして、終了したいアプリを上方向にスワイプします。

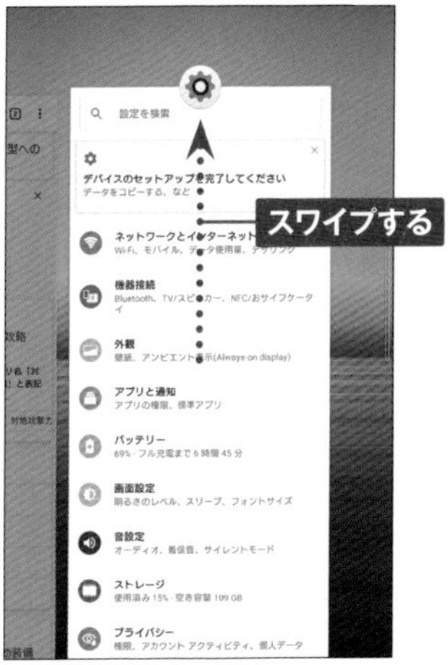

③ スワイプしたアプリが終了します。すべてのアプリを終了したい場合は、右方向にスワイプし、<すべてクリア>をタップします。

MEMO アプリの切り替え

手順②の画面で別のアプリをタップすると、画面がそのアプリに切り替わります。また、アプリのアイコンをタップすると、アプリ情報の表示やマルチウィンドウ表示への切り替えができます。

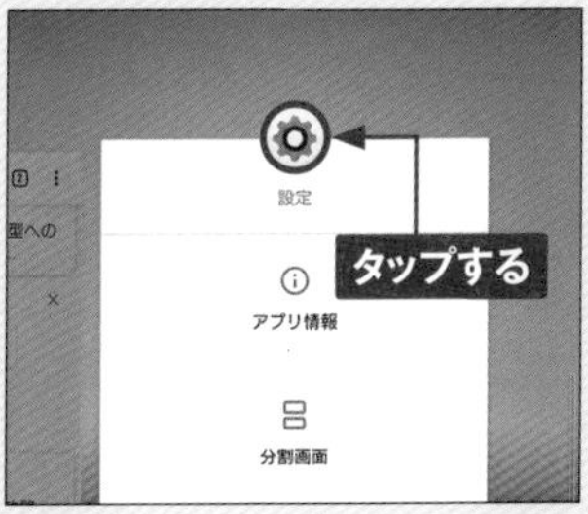

21：9マルチウィンドウを利用する

Xperia 5 IIには、アプリの分割表示を設定できる「21:9マルチウィンドウ」アプリがあります。なお、分割表示に対応していないアプリもあります。

画面を分割表示する

① P. 21手順②の画面を表示します。

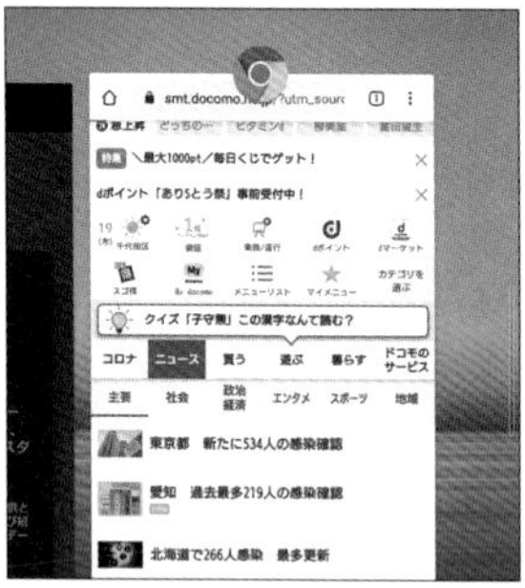

② 上側に表示させたいアプリのアイコン（ここでは＜Chrome＞）をタップし、＜分割画面＞をタップします。

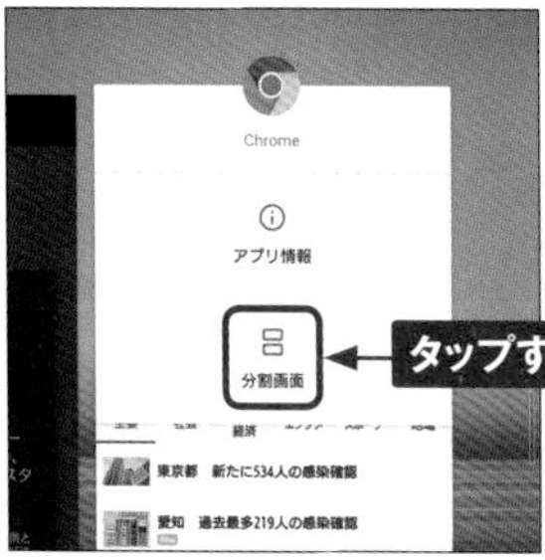

③ 続いて、下側に表示させたいアプリ（ここでは＜YouTube＞）をタップします。

④ 選択した2つのアプリが分割表示されます。中央のをドラッグすると、表示範囲を変更できます。画面上部または下部までドラッグすると、分割表示を終了できます。

分割表示したアプリを切り替える

1 分割表示したアプリを切り替えたい場合は、画面中央の をタップします。

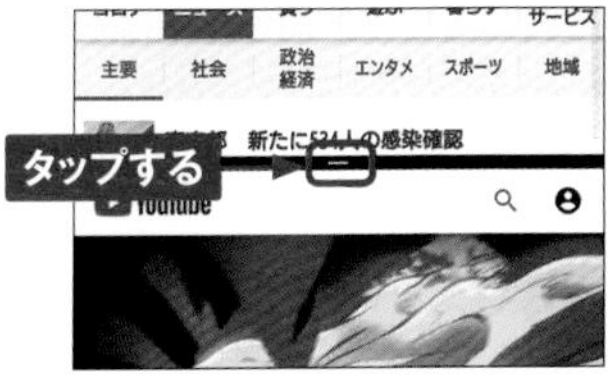

2 表示される をタップします。

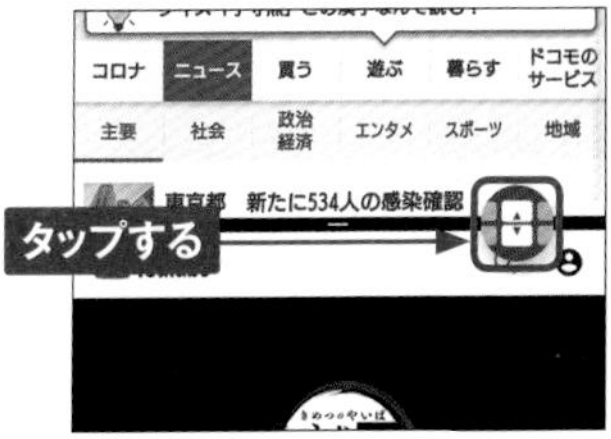

3 上下にアプリのサムネイルが表示されるので、左右にスワイプして切り替えたいアプリをタップします。

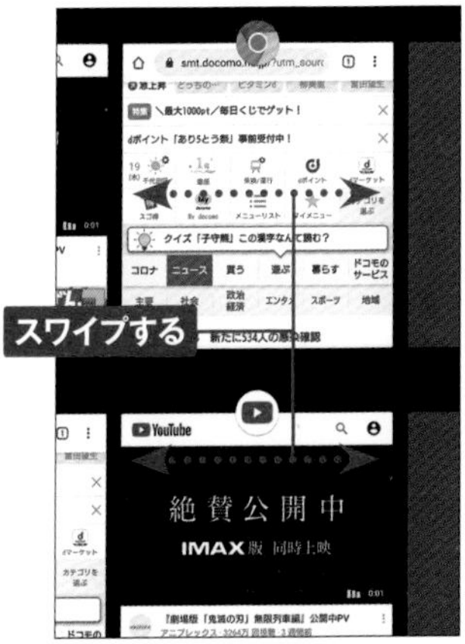

4 すべてのアプリから選択したい場合は、手順③の画面で右端もしくは左端までスワイプし、<すべてのアプリ>をタップします。

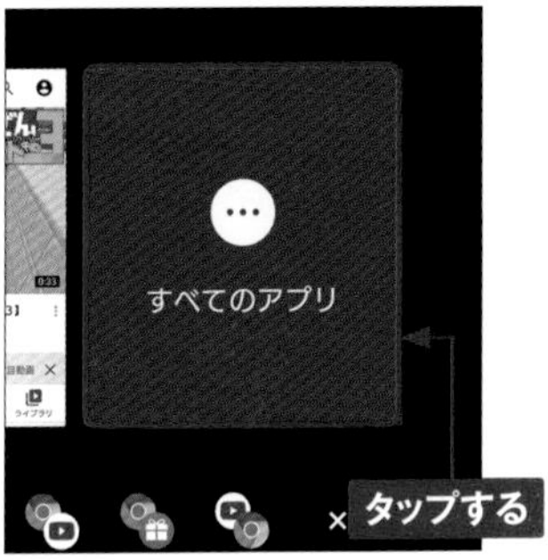

5 すべてのアプリが表示されるので、切り替えたいアプリをタップして選択します。

MEMO **分割表示の履歴**

手順③の画面下部には、これまで分割表示したアプリの組み合わせが表示されます。これをタップすると、以前のアプリの組み合わせを復元できます。

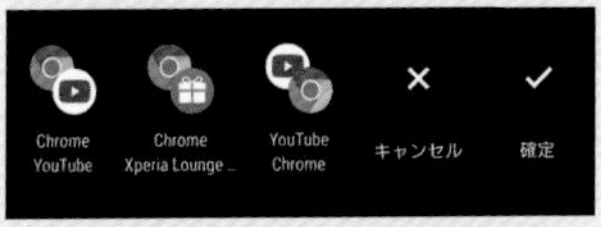

Section 09

ウィジェットを利用する

Xperia 5 IIのホーム画面にはウィジェットが表示されています。ウィジェットを使うことで、情報の閲覧やアプリへのアクセスをホーム画面上からかんたんに行えます。

ウィジェットとは

ウィジェットは、ホーム画面で動作する簡易的なアプリのことです。さまざまな情報を自動的に表示したり、タップすることでアプリにアクセスしたりできます。Xperia 5 IIに標準でインストールされているウィジェットは40種類以上あり、Google Play（Sec.31～32参照）でダウンロードするとさらに多くの種類のウィジェットを利用できます。また、ウィジェットを組み合わせることで、自分好みのホーム画面の作成が可能です。

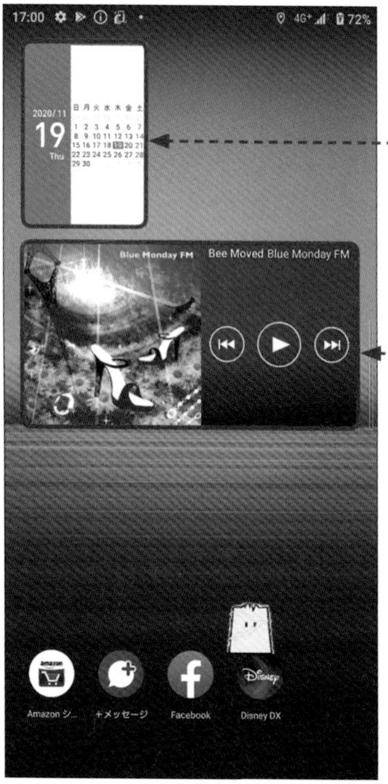

アプリの情報を簡易的に表示するウィジェットです。タップするとアプリが起動します。

アプリを操作できるウィジェットです。

ウィジェットを設置すると、ホーム画面でアプリの操作や設定の変更、ニュースやWebサービスの更新情報のチェックなどができます。

ウィジェットを追加する

1 ホーム画面の何もない箇所をロングタッチします。

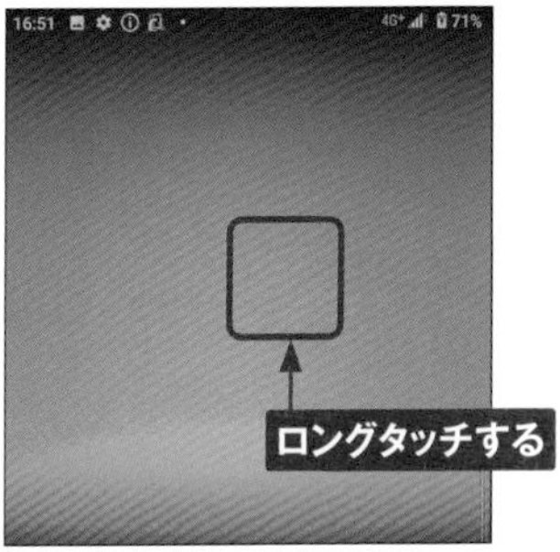

2 <ウィジェット>をタップします。

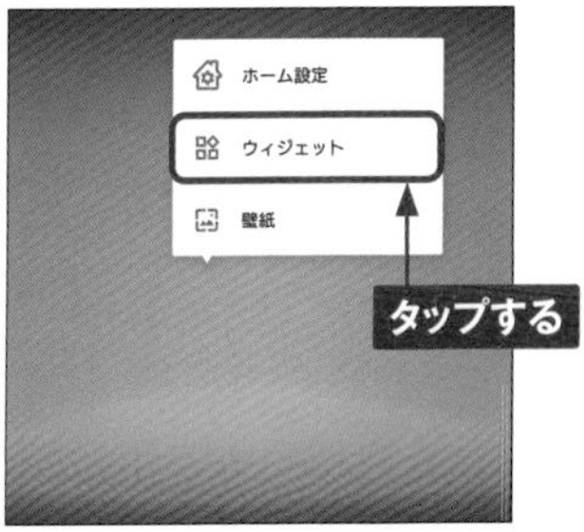

3 画面を上下にスライドして、追加したいウィジェットをロングタッチします。

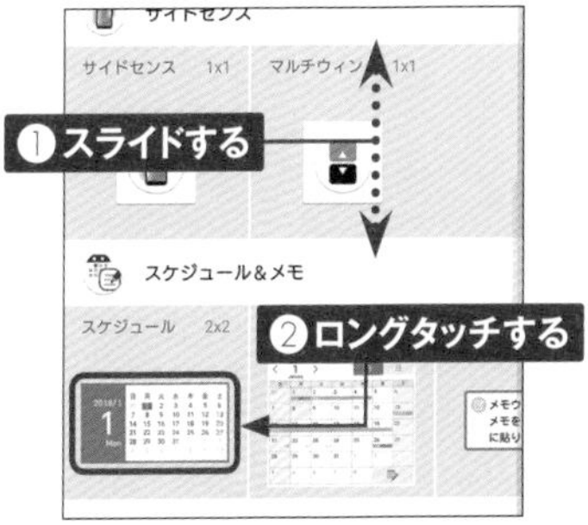

4 指を離すと、ホーム画面にウィジェットが追加されます。

MEMO

ウィジェットの削除

ウィジェットを削除するには、ウィジェットをロングタッチしたあと、<削除>までドラッグします。

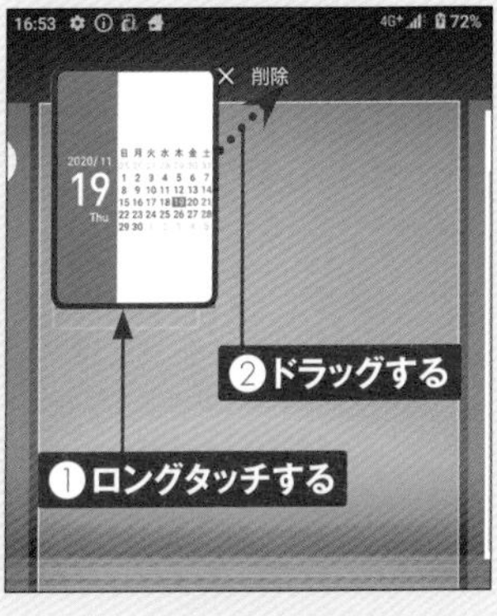

1

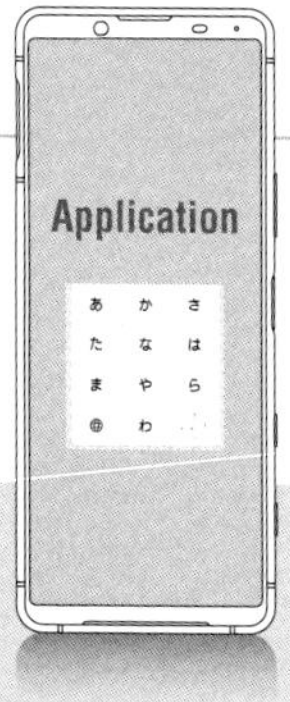

文字を入力する

Xperia 5 IIでは、ソフトウェアキーボードで文字を入力します。「12キー」（一般的な携帯電話の入力方法）や「QWERTY」などを切り替えて使用できます。

文字入力方法

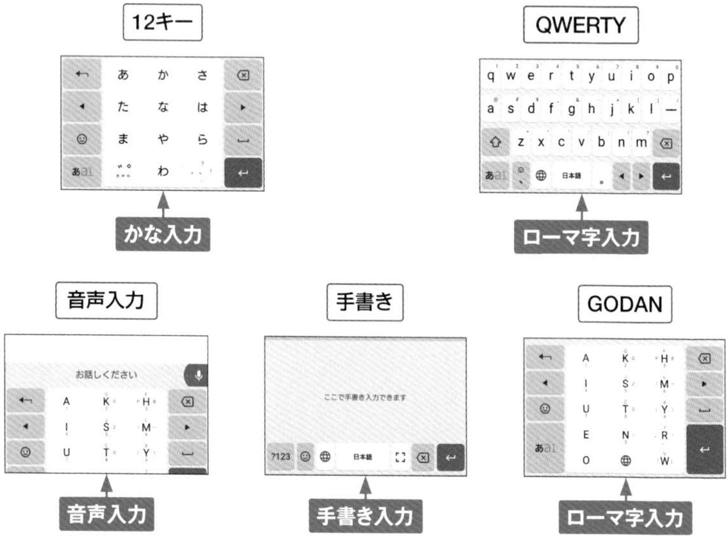

MEMO 5種類の入力方法

Xperia 5 IIには、携帯電話で一般的な「12キー」、パソコンと同じ「QWERTY」のほか、音声入力の「音声入力」、手書き入力の「手書き」、「12キー」や「QWERTY」とは異なるキー配置のローマ字入力の「GODAN」の5種類の入力方法があります。なお、本書では音声入力、手書き、GODANは解説しません。

キーボードを使う準備を行う

1 初めてキーボードを使う場合は、「入力レイアウトの選択」画面が表示されます。<スキップ>をタップします。

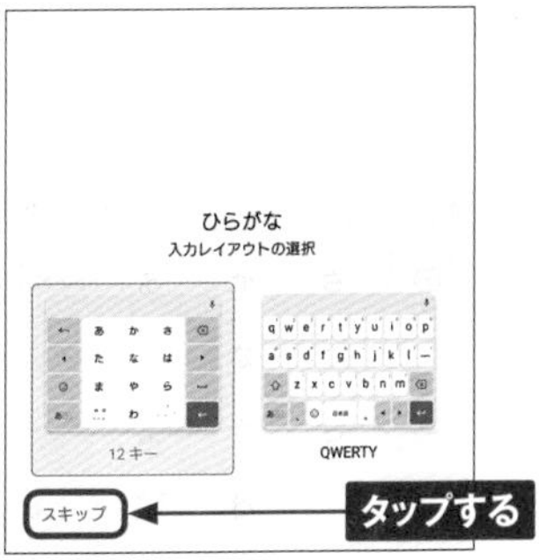

2 12キーのキーボードが表示されます。⚙をタップします。

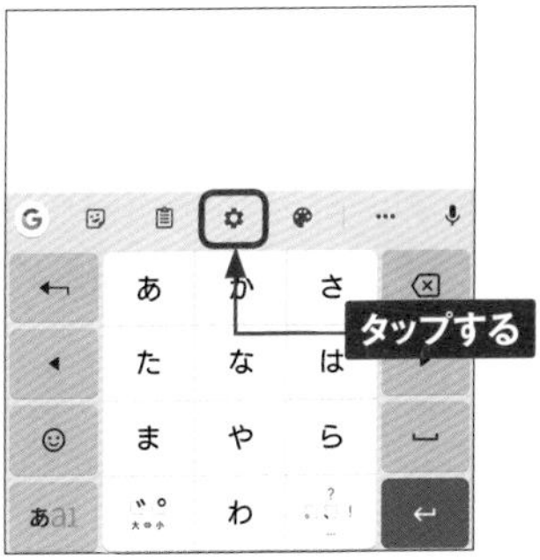

3 <言語>→<キーボードを追加>→<日本語>の順にタップします。

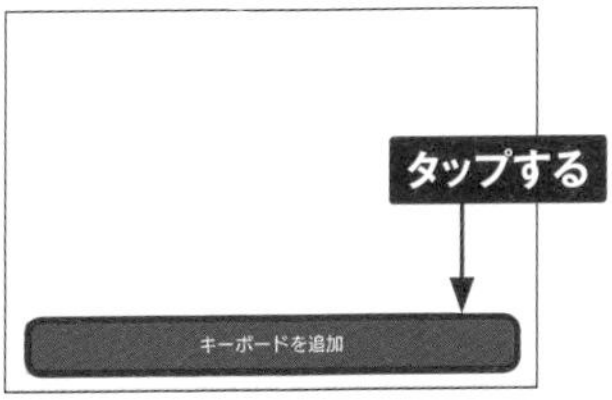

4 追加したいキーボードをタップして選択し、<完了>をタップします。

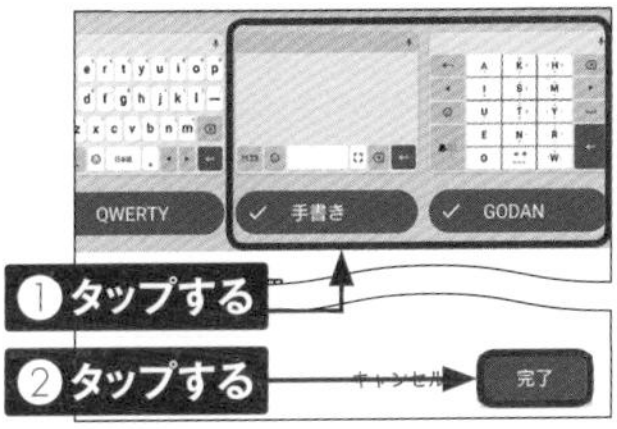

5 キーボードが追加されます。←を2回タップすると手順②の画面に戻ります。

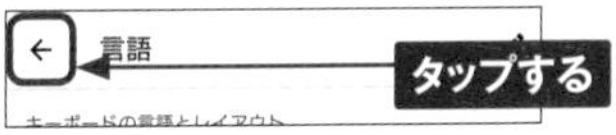

MEMO キーボードの切り替え

キーボードを追加したあとは手順②の画面で゛゜が⊕に切り替わるので、⊕をロングタッチします。切り替えられるキーボードが表示されるので、切り替えたいキーボードをタップすると、キーボードが切り替わります。

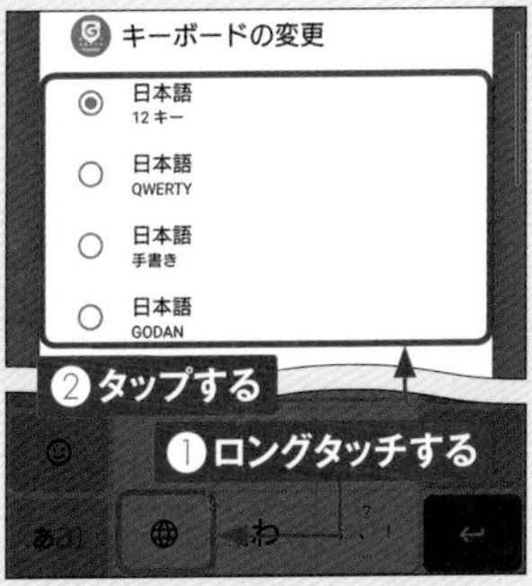

12キーで文字を入力する

●トグル入力を行う

① 12キーは、一般的な携帯電話と同じ要領で入力が可能です。たとえば、あを5回→かを1回→さを2回タップすると、「おかし」と入力されます。

② 変換候補から選んでタップすると、変換が確定します。手順①で∨をタップして、変換候補の欄をスライドすると、さらにたくさんの候補を表示できます。

●フリック入力を行う

① 12キーでは、キーを上下左右にフリックすることでも文字を入力できます。キーをロングタッチするとガイドが表示されるので、入力したい文字の方向へフリックします。

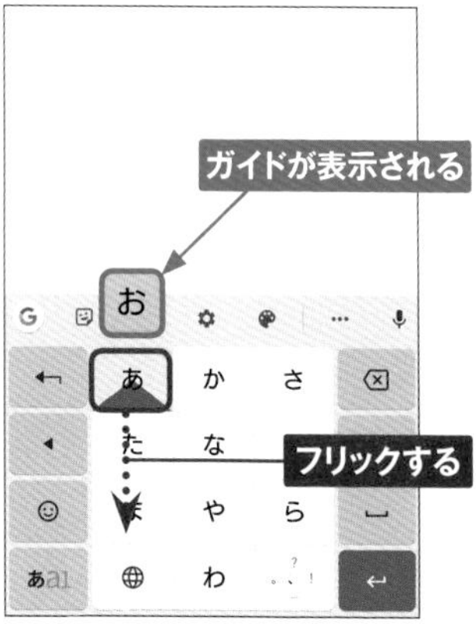

② フリックした方向の文字が入力されます。ここでは、あを下方向にフリックしたので、「お」が入力されました。

QWERTYで文字を入力する

1 QWERTYでは、パソコンのローマ字入力と同じ要領で入力が可能です。たとえば、g→iの順にタップすると、「ぎ」と入力され、変換候補が表示されます。候補の中から変換したい単語をタップすると、変換が確定します。

2 文字を入力し、<日本語>もしくは<変換>をタップしても文字が変換されます。

3 希望の変換候補にならない場合は、◀／▶をタップして文節の位置を調節します。

4 ↵をタップすると、濃いハイライト表示の文字部分の変換が確定します。

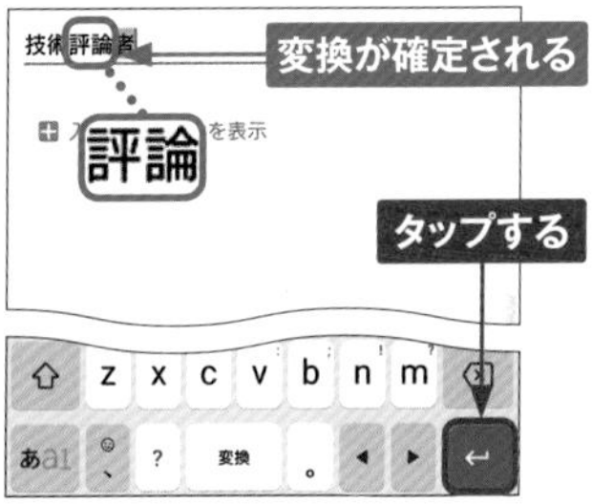

MEMO QWERTYでのロングタッチ入力

QWERTYではロングタッチ入力が可能です。キーを押す長さによって、数字や記号などをすばやく入力できます。

文字種を変更する

1 あa1をタップするごとに、「ひらがな漢字」→「英字」→「数字」の順に文字種が切り替わります。あのときには、日本語を入力できます。

2 aのときには、半角英字を入力できます。あa1をタップします。

3 1のときには、半角数字を入力できます。再度あa1をタップすると、日本語入力に戻ります。

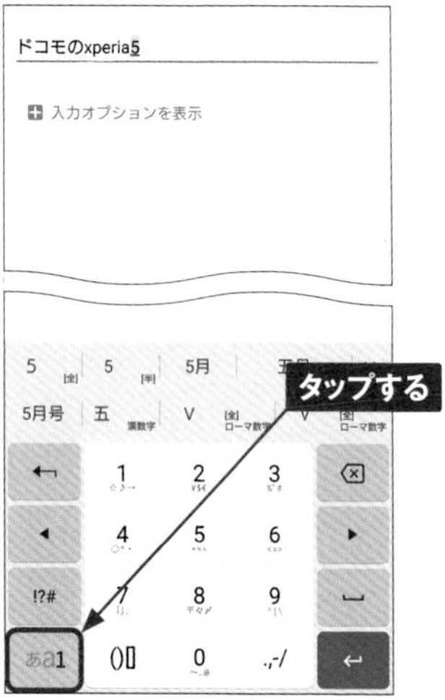

MEMO **全角英数字の入力**

［全］と書かれている変換候補をタップすると、全角の英数字で入力されます。

絵文字や顔文字を入力する

① 絵文字や顔文字を入力したい場合は、☺をタップします。

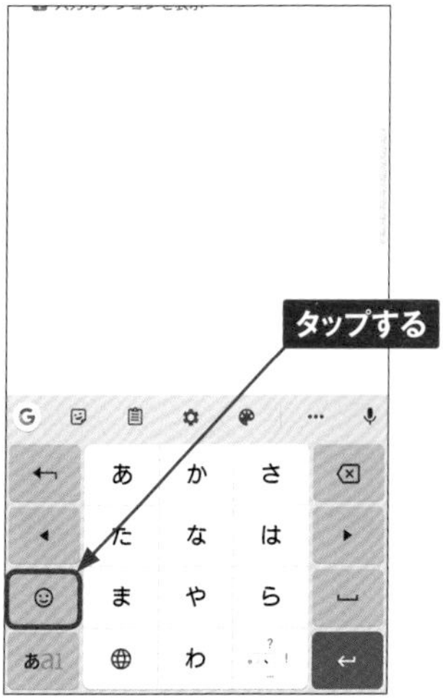

② 「絵文字」の表示欄を上下にスライドし、目的の絵文字をタップすると入力できます。

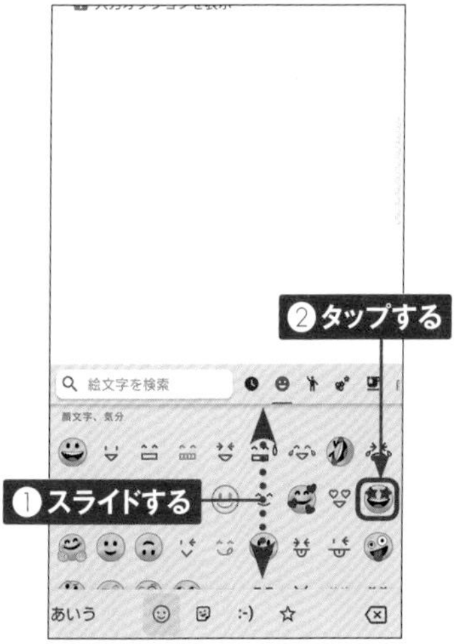

③ 顔文字を入力したい場合は、キーボード下部の:-)をタップします。あとは手順②と同様の方法で入力できます。記号を入力したい場合は、☆をタップします。

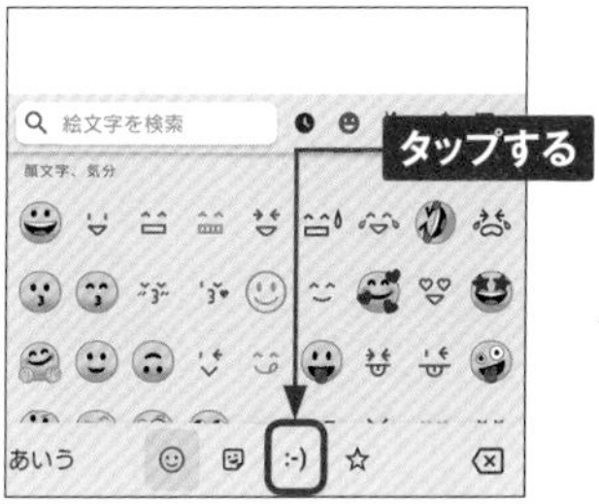

④ <あいう>をタップします。

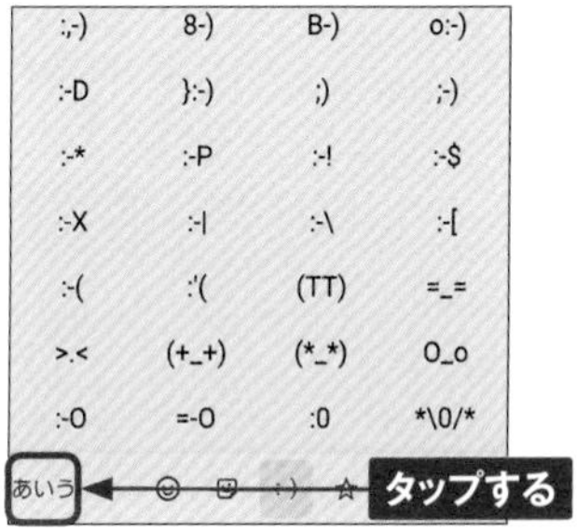

⑤ 通常の文字入力画面に戻ります。

1

単語リストを利用する

1 ユーザー辞書を使用するには、P.27手順②の画面で⚙→＜単語リスト＞の順にタップします。

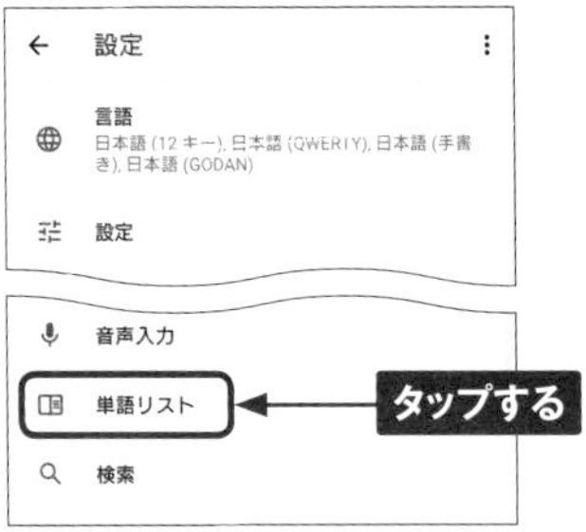

2 「単語リスト」画面が表示されるので、＜単語リスト＞→＜日本語＞→＋の順にタップします。

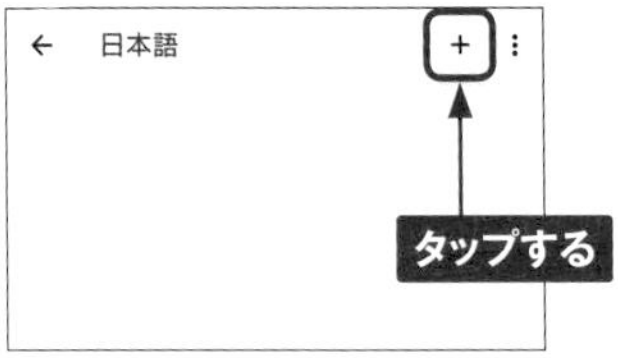

3 ユーザー辞書に追加したい言葉の「語句」と「よみ」を入力し、☑→←の順にタップします。

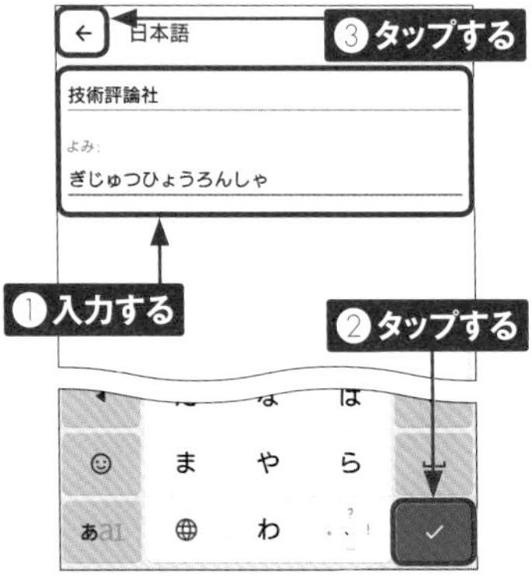

4 ユーザー辞書に「語句」と「よみ」がセットで登録されます。

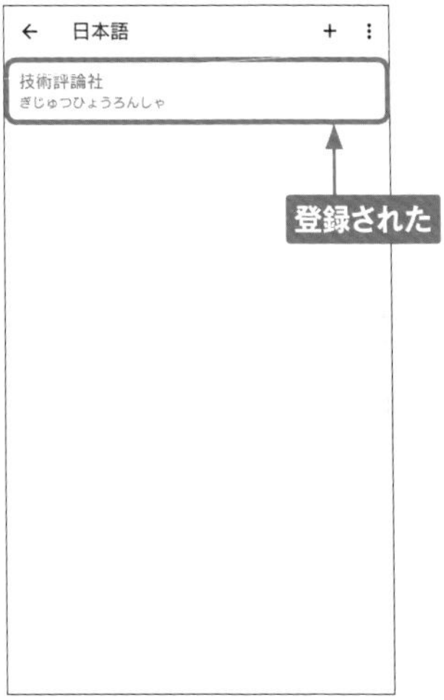

5 文字の入力画面に戻って、登録した「よみ」を入力すると、変換候補に登録した語句が表示されます。

片手モードを使用する

① P.27手順②の画面で…→<片手モード>の順にタップします。「ドラッグしてカスタマイズ」と表示された場合は<OK>をタップします。

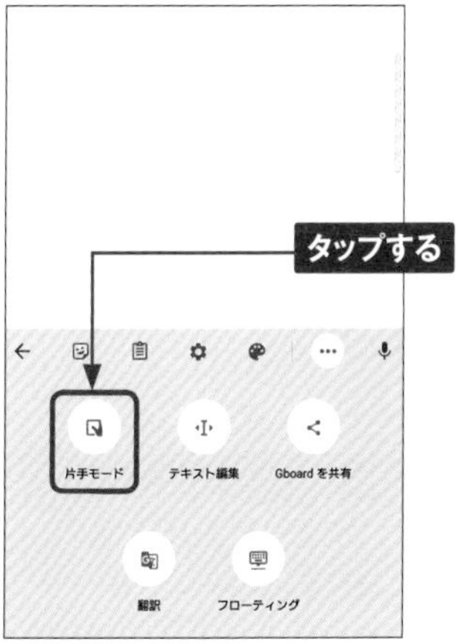

② キーボードが右側に寄った右手入力用のキーボードが表示されます。<をタップします。

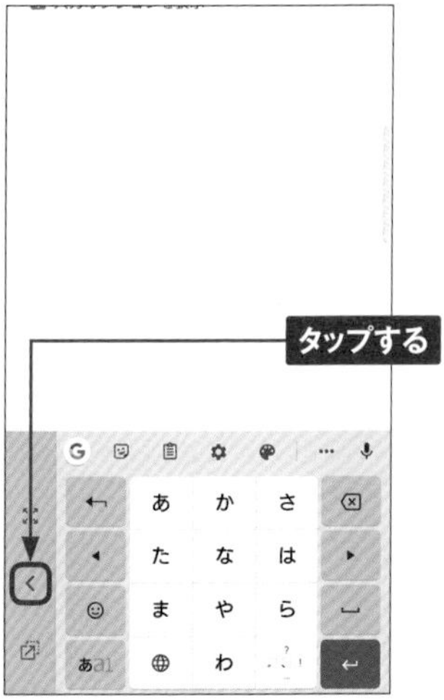

③ キーボードが左側に寄った左手入力用のキーボードが表示されます。をタップします。

④ もとのキーボードに戻ります。

Section 11

テキストを コピー&ペーストする

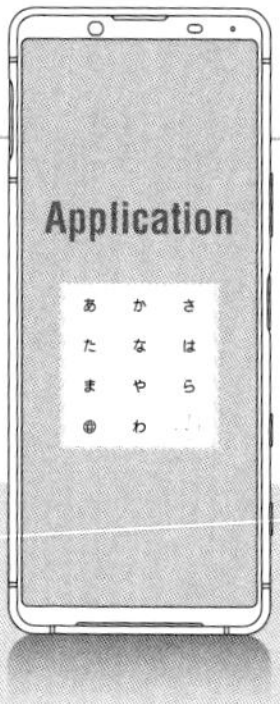

Xperia 5 IIは、パソコンと同じように自由にテキストをコピー&ペーストできます。コピーしたテキストは、別のアプリにペースト（貼り付け）して利用することもできます。

テキストをコピーする

1 コピーしたいテキストをダブルタップします。

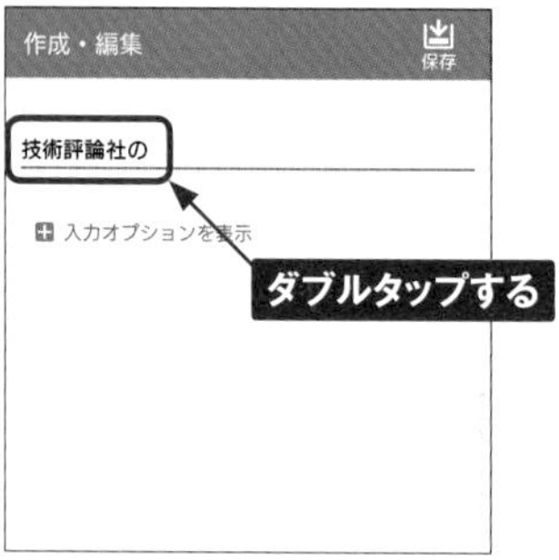

2 テキストが選択されます。 と を左右にドラッグして、コピーする範囲を調整します。

3 <コピー>をタップします。

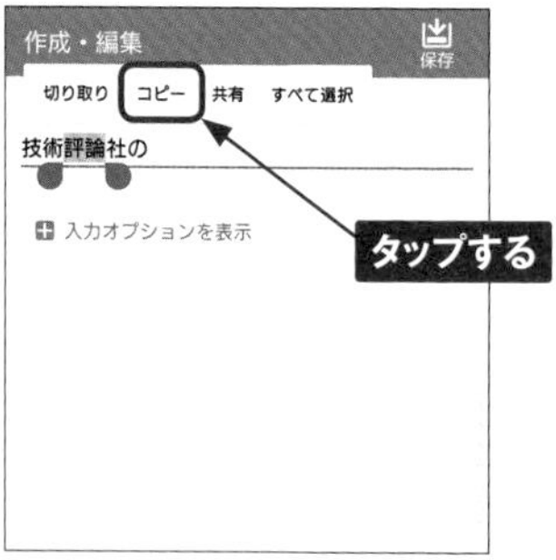

4 テキストがコピーされました。

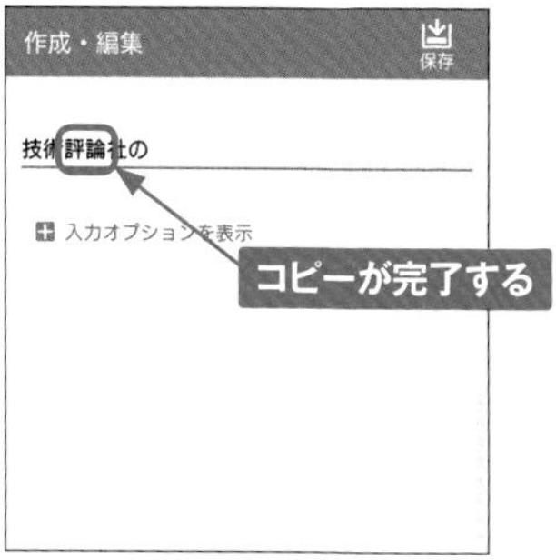

テキストをペーストする

① 入力欄で、テキストをペースト（貼り付け）したい位置をロングタッチします。

② ＜貼り付け＞をタップします。

③ コピーしたテキストがペーストされます。

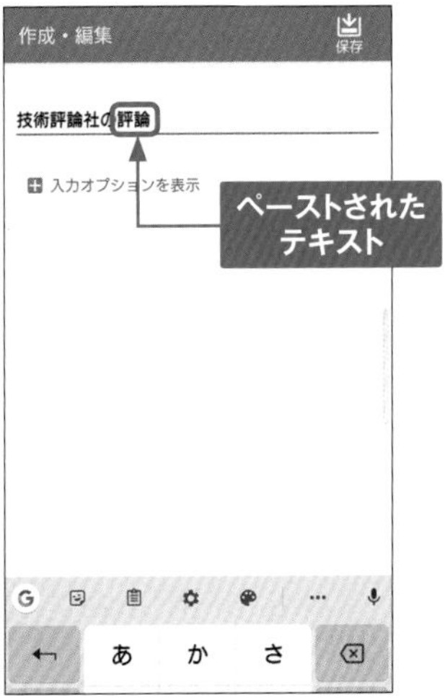

MEMO そのほかのコピー方法

ここで紹介したコピー手順は、テキストを入力・編集する画面での方法です。「Chrome」アプリなどの画面でテキストをコピーするには、該当箇所をロングタッチして選択し、P.34手順②〜③の方法でコピーします。

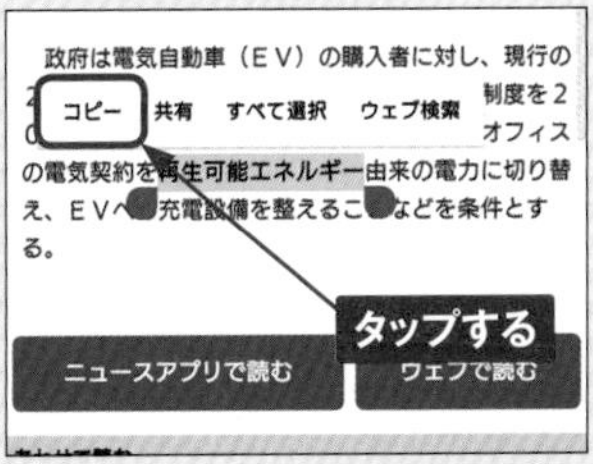

Section 12

Googleアカウントを設定する

Googleアカウントを設定すると、Googleが提供するサービスが利用できます。ここではGoogleアカウントを作成して設定します。すでに作成済みのGoogleアカウントを設定することもできます。

Googleアカウントを設定する

1 P.20を参考にアプリ一覧画面を表示し、<設定>をタップします。

2 「設定」アプリが起動するので、画面を上方向にスライドして、<アカウント>→<アカウントを追加>の順にタップします。

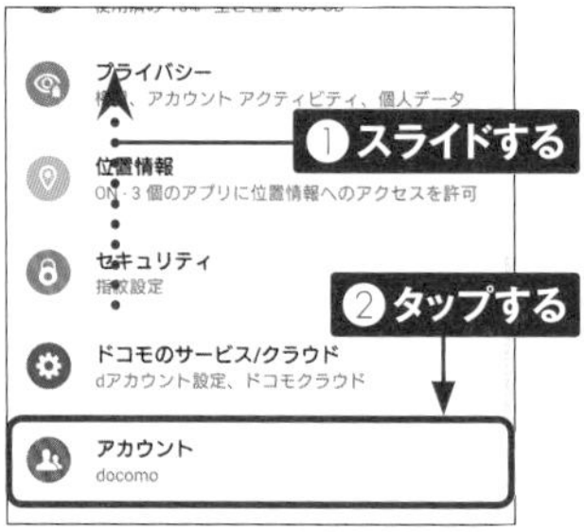

3 「アカウントの追加」画面が表示されるので、<Google>をタップします。

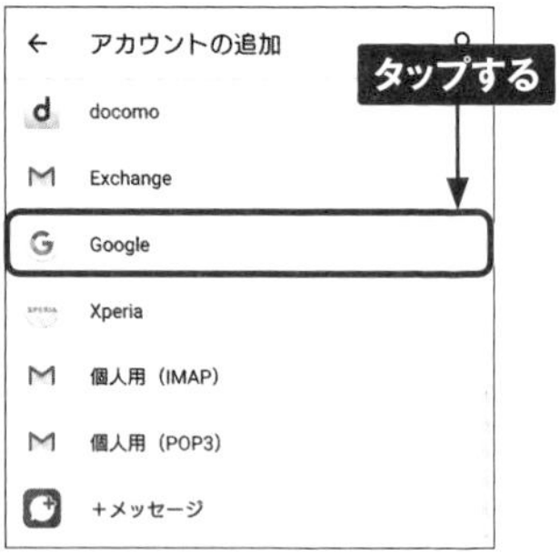

MEMO **Googleアカウントとは**

Googleアカウントを作成すると、Googleが提供する各種サービスへログインすることができます。アカウントの作成に必要なのは、メールアドレスとパスワードの登録だけです。Googleアカウントを設定しておけば、Gmailなどのサービスがかんたんに利用できます。

4 ＜アカウントを作成＞→＜自分用＞の順にタップします。すでに作成したアカウントを使うには、アカウントのメールアドレスまたは電話番号を入力します（右下のMEMO参照）。

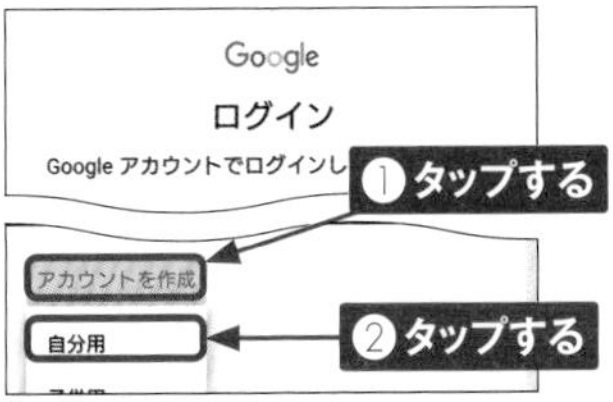

5 上の欄に「姓」、下の欄に「名」を入力し、＜次へ＞をタップします。

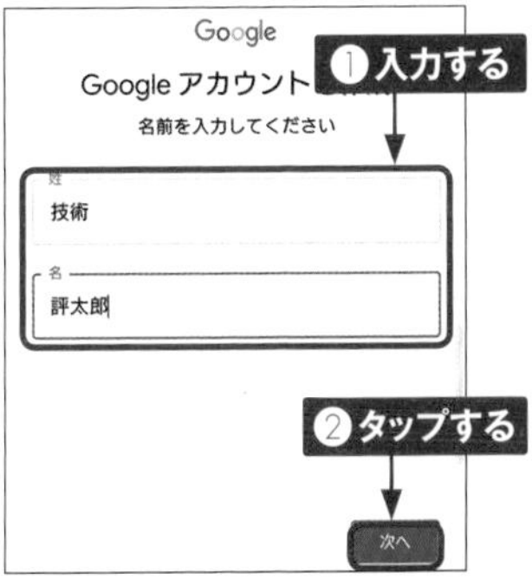

6 生年月日と性別をタップして設定し、＜次へ＞をタップします。

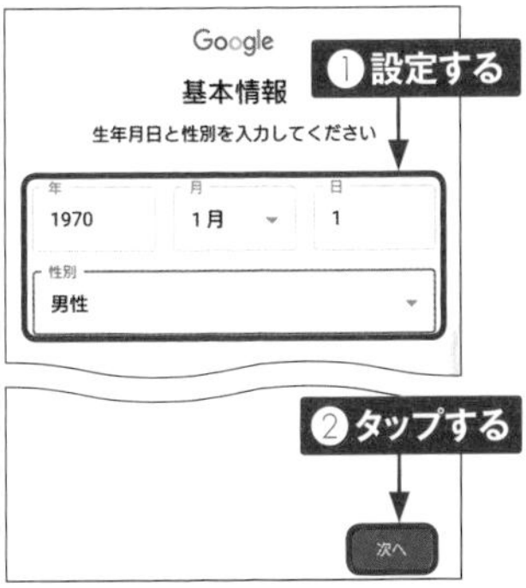

7 ＜自分でGmailアドレスを作成＞をタップして、希望するメールアドレスを入力し、＜次へ＞をタップします。

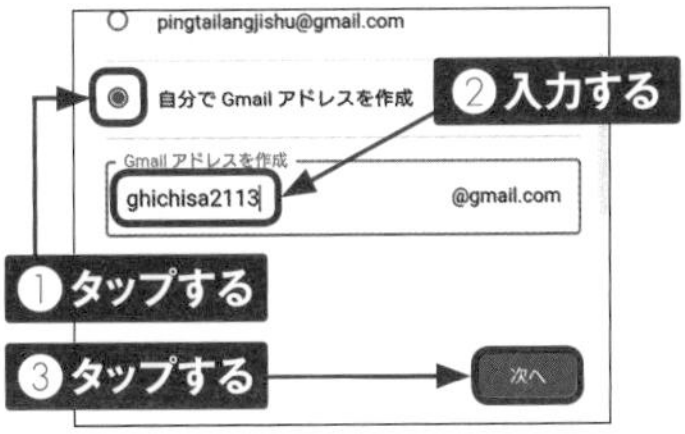

8 同じパスワードを2回入力し、＜次へ＞をタップします。

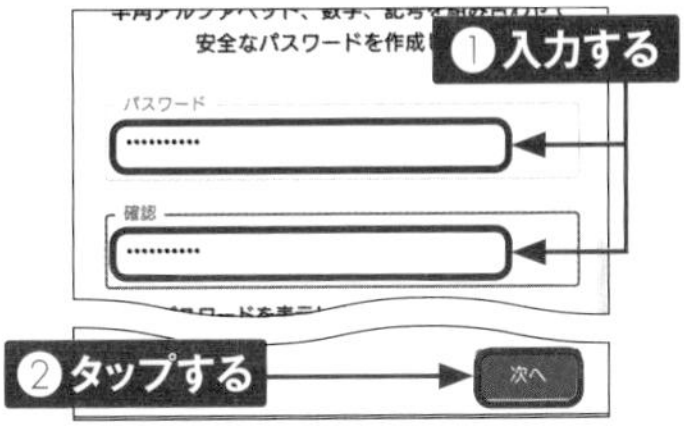

MEMO 既存のアカウントの利用

作成済みのGoogleアカウントがある場合は、手順④の画面でメールアドレスまたは電話番号を入力して、＜次へ＞をタップします。次の画面でパスワードを入力し、P.38手順⑨もしくはP.39手順⑬以降の解説に従って設定します。

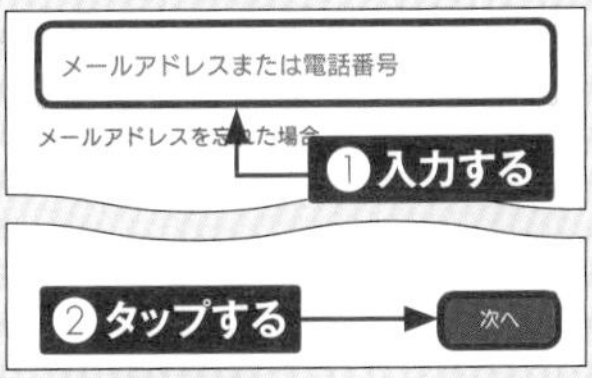

9 パスワードを忘れた場合のアカウント復旧に使用するために、電話番号を登録します。画面を上方向にスワイプします。

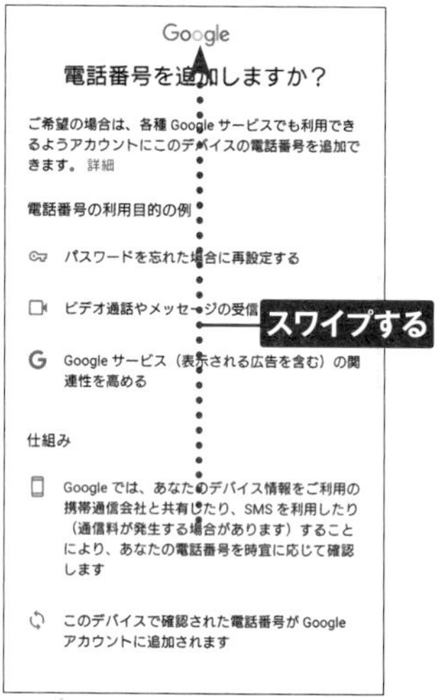
Google
電話番号を追加しますか？
ご希望の場合は、各種 Google サービスでも利用できるようアカウントにこのデバイスの電話番号を追加できます。詳細
電話番号の利用目的の例
パスワードを忘れた場合に再設定する
ビデオ通話やメッセージの受信
Google サービス（表示される広告を含む）の関連性を高める
仕組み
Google では、あなたのデバイス情報をご利用の携帯通信会社と共有したり、SMS を利用したり（通信料が発生する場合があります）することにより、あなたの電話番号を時宜に応じて確認します
このデバイスで確認された電話番号が Google アカウントに追加されます
スワイプする

10 ここでは＜はい、追加します＞をタップします。電話番号を登録しない場合は、＜その他の設定＞→＜いいえ、電話番号を追加しません＞→＜完了＞の順にタップします。

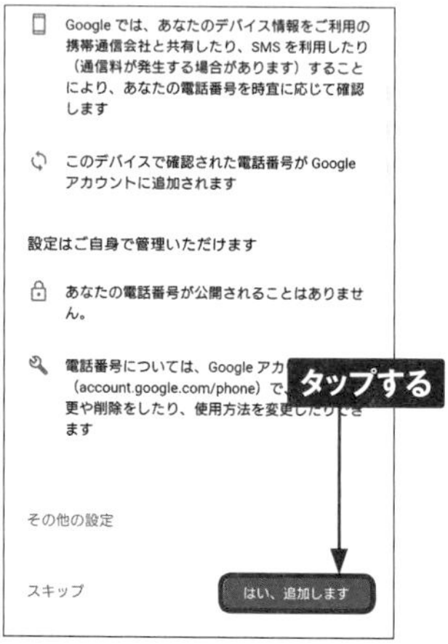
Google では、あなたのデバイス情報をご利用の携帯通信会社と共有したり、SMS を利用したり（通信料が発生する場合があります）することにより、あなたの電話番号を時宜に応じて確認します
このデバイスで確認された電話番号が Google アカウントに追加されます
設定はご自身で管理いただけます
あなたの電話番号が公開されることはありません。
(account.google.com/phone)
更や削除をしたり、使用方法を変更
ます
その他の設定
スキップ
はい、追加します
タップする

11 「アカウント情報の確認」画面が表示されたら、＜次へ＞をタップします。

Google
アカウント情報の確認
この Gmail アドレスは、後ほどログインに使用できます
技術評太郎
ghichisa2113@gmail.com
タップする
次へ

12 内容を確認して、＜同意する＞をタップします。

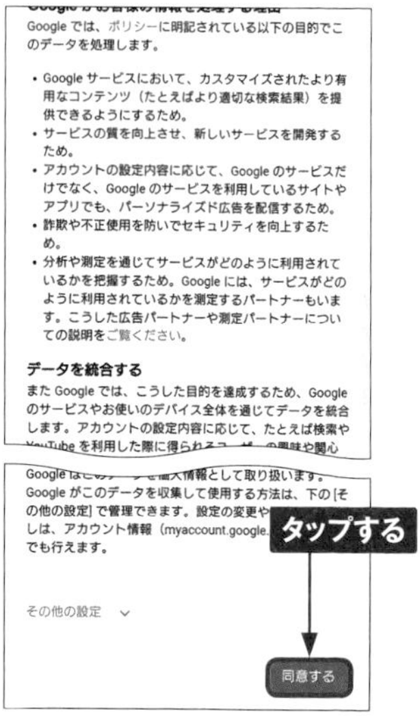
Google では、ポリシーに明記されている以下の目的でこのデータを処理します。
• Google サービスにおいて、カスタマイズされたより有用なコンテンツ（たとえばより適切な検索結果）を提供できるようにするため。
• サービスの質を向上させ、新しいサービスを開発するため。
• アカウントの設定内容に応じて、Google のサービスだけでなく、Google のサービスを利用しているサイトやアプリでも、パーソナライズド広告を配信するため。
• 詐欺や不正使用を防いでセキュリティを向上するため。
• 分析や測定を通じてサービスがどのように利用されているかを把握するため。Google には、サービスがどのように利用されているかを測定するパートナーもいます。こうした広告パートナーや測定パートナーについての説明をご覧ください。
データを統合する
また Google では、こうした目的を達成するため、Google のサービスやお使いのデバイス全体を通じてデータを統合します。アカウントの設定内容に応じて、たとえば検索や
Google がこのデータを収集して使用する方法は、下の［その他の設定］で管理できます。設定の変更や
しは、アカウント情報（myaccount.google.
でも行えます。
その他の設定
タップする
同意する

⑬ 利用したいGoogleサービスがオンになっていることを確認して、<同意する>をタップします。

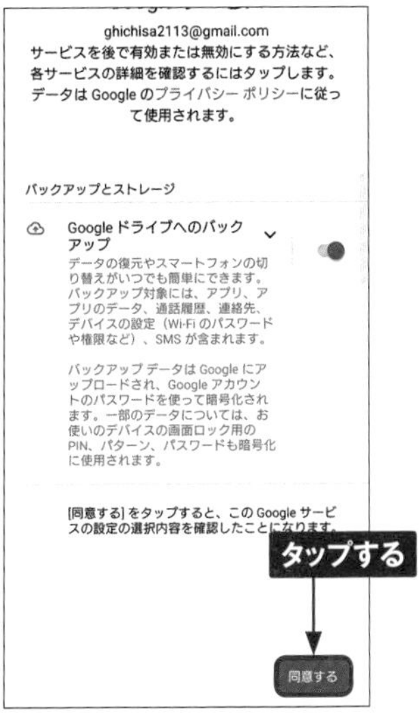
ghichisa2113@gmail.com
サービスを後で有効または無効にする方法など、各サービスの詳細を確認するにはタップします。データは Google のプライバシー ポリシーに従って使用されます。
バックアップとストレージ
Google ドライブへのバックアップ
データの復元やスマートフォンの切り替えがいつでも簡単にできます。バックアップ対象には、アプリ、アプリのデータ、通話履歴、連絡先、デバイスの設定（Wi-Fi のパスワードや権限など）、SMS が含まれます。
バックアップ データは Google にアップロードされ、Google アカウントのパスワードを使って暗号化されます。一部のデータについては、お使いのデバイスの画面ロック用の PIN、パターン、パスワードも暗号化に使用されます。
[同意する] をタップすると、この Google サービスの設定の選択内容を確認したことになります。
タップする
同意する

⑭ P.36手順②の過程で表示される「アカウント」画面に戻ります。作成したGoogleアカウントをタップして、次の画面で<アカウントの同期>をタップします。

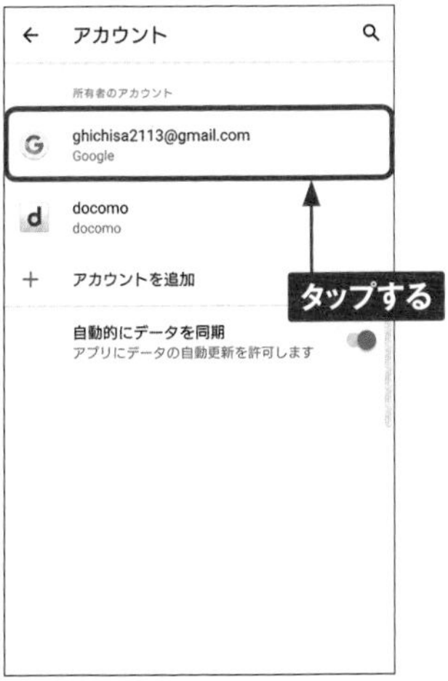
アカウント
所有者のアカウント
ghichisa2113@gmail.com
Google
docomo
docomo
アカウントを追加
タップする
自動的にデータを同期
アプリにデータの自動更新を許可します

⑮ Googleアカウントで同期可能なサービスが表示されます。サービス名をタップすると、同期の有効と無効を切り替えることができます。

アカウント
ghichisa2113@gmail.com
Google アカウント
情報、セキュリティ、カスタマイズ
アカウントの同期
アカウントを削除

MEMO

Googleアカウントの削除

手順⑭の画面でGoogleアカウントをタップし、<アカウントを削除>をタップすると、Googleアカウントを Xperia 5 IIから削除できます。ただ、アカウント自体は消えませんので注意してください。

ghichisa2113@gmail.com
Google アカウント
タップする
アカウントの同期
アカウントを削除

Section 13

ドコモのID・パスワードを設定する

Xperia 5 IIにdアカウントを設定すると、NTTドコモが提供するさまざまなサービスをインターネット経由で利用できるようになります。また、あわせてspモードパスワードの変更も済ませておきましょう。

1

dアカウントとは

「dアカウント」とは、NTTドコモが提供しているさまざまなサービスを利用するためのIDです。dアカウントを作成し、Xperia 5 IIに設定することで、Wi-Fi経由で「dマーケット」などのドコモの各種サービスを利用できるようになります。

なお、ドコモのサービスを利用しようとすると、いくつかのパスワードを求められる場合があります。このうちspモードパスワードは「お客様サポート」(My docomo)で変更やリセットができますが、「ネットワーク暗証番号」はインターネット上で再発行できません（P.44手順②の画面で変更は可能）。番号を忘れないように気を付けましょう。さらに、spモードパスワードを初期値（0000）のまま使っていると、変更をうながす画面が表示されることがあります。その場合は、画面の指示に従ってパスワードを変更しましょう。

なお、ドコモショップなどですでに設定を行っている場合、ここでの設定は必要ありません。また、以前使っていた機種でdアカウントを作成・登録済みで、機種変更でXperia 5 IIを購入した場合は、自動的にdアカウントが設定されます。

ドコモのサービスで利用するID ／パスワード	
ネットワーク暗証番号	お客様サポート（My docomo）や、各種電話サービスを利用する際に必要です（P.41参照）。
dアカウント／パスワード	Wi-Fi接続時やパソコンのWebブラウザ経由で、ドコモのサービスを利用する際に必要です。
spモードパスワード	ドコモメールの設定、spモードサイトの登録／解除の際に必要です。初期値は「0000」ですが、変更が必要です（P.44参照）。

MEMO

dアカウントとパスワードはWi-Fi経由でドコモのサービスを使うときに必要

4G ／ LTEや5G回線を利用しているときは不要ですが、Wi-Fi経由でドコモのサービスを利用する際は、dアカウントとパスワードを入力する必要があります。

dアカウントを新規作成する

1 P.20を参考に「設定」アプリを起動して、<ドコモのサービス／クラウド>をタップします。

2 <dアカウント設定>をタップします。次の画面で<利用の許可へ>→<許可>の順にタップします。

3 「ご利用にあたって」画面が表示されたら、内容を確認して、<同意する>をタップします。「はじめに」画面が表示されたら、<次へ>をタップして進みます。

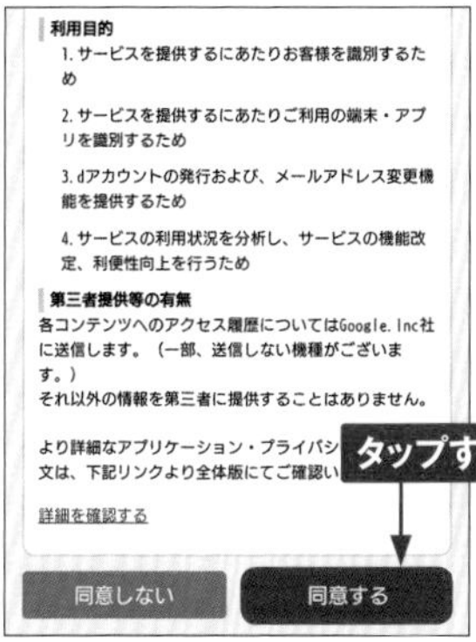

4 「dアカウント設定」画面が表示されたら、新規に作成する場合は、<新たにdアカウントを作成>をタップします。

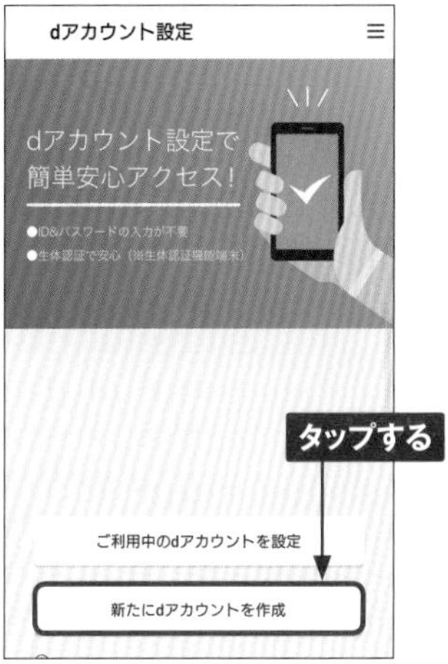

5 ネットワーク暗証番号を入力して、<OK>をタップします。

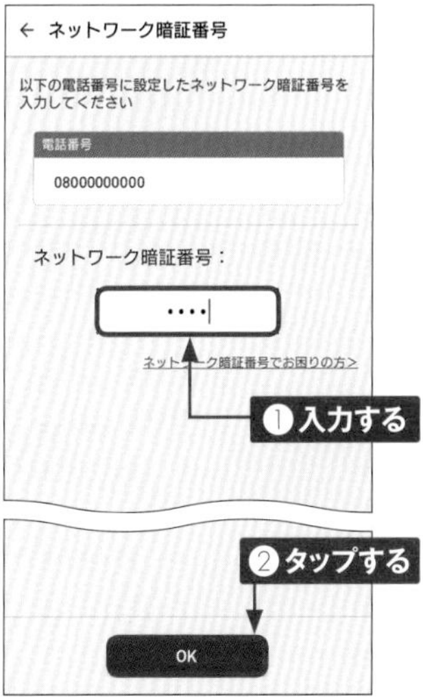

6 「アカウントの選択」画面で設定内容を通知するためのアカウントを選択します。ここではSec.12で作成したGoogleアカウントをタップして、＜OK＞をタップします。

7 連絡先メールアドレスを選択します。ここでは＜Gmail＞をタップします。

8 「ID設定」画面が表示されます。好きなIDを設定する場合は、○をタップして◉にし、ID名を入力して、＜設定する＞をタップします。

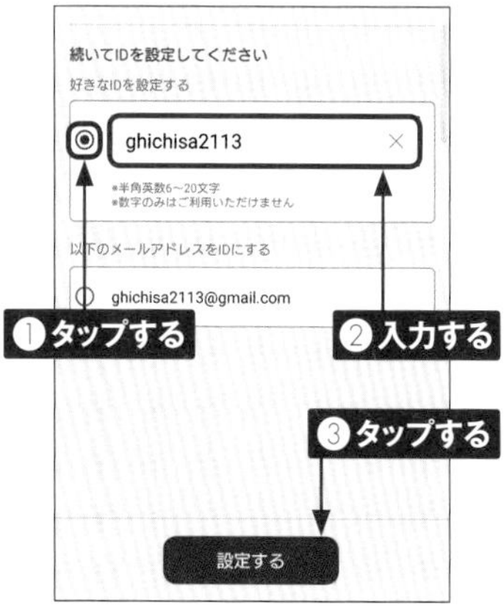

9 dアカウントで利用するパスワードを入力して、画面を上方向にスライドします。

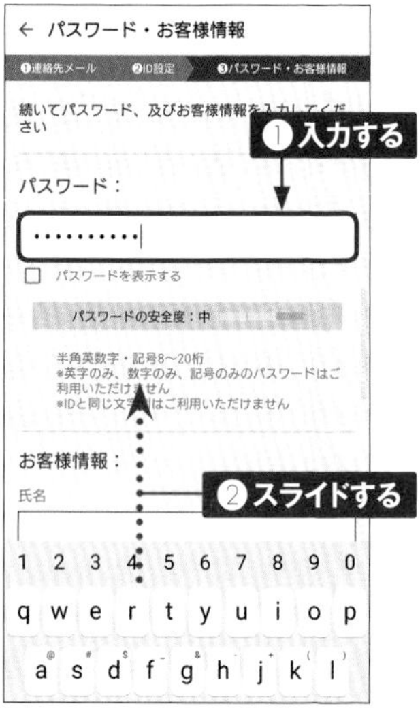

10 氏名、フリガナ、性別、生年月日を入力し、＜OK＞をタップします。

11 「ご利用規約」画面が表示されたら、内容を確認して、<同意する>をタップします。

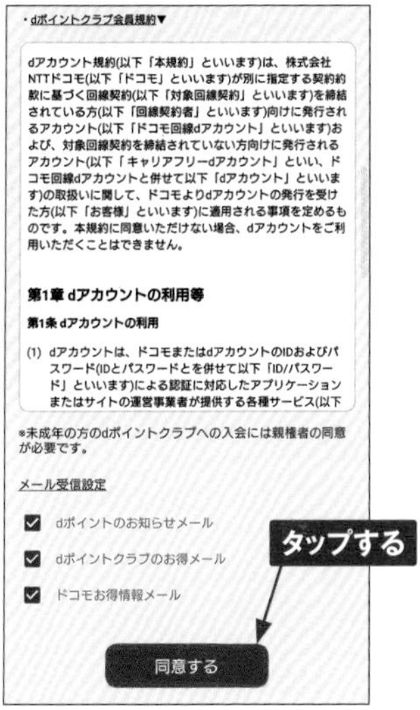
・dポイントクラブ会員規約▼
dアカウント規約(以下「本規約」といいます)は、株式会社NTTドコモ(以下「ドコモ」といいます)が別に指定する契約約款に基づく回線契約(以下「対象回線契約」といいます)を締結されている方(以下「回線契約者」といいます)向けに発行されるアカウント(以下「ドコモ回線dアカウント」といいます)および、対象回線契約を締結されていない方向けに発行されるアカウント(以下「キャリアフリーdアカウント」といい、ドコモ回線dアカウントと併せて以下「dアカウント」といいます)の取扱いに関して、ドコモよりdアカウントの発行を受けた方(以下「お客様」といいます)に適用される事項を定めるものです。本規約に同意いただけない場合、dアカウントをご利用いただくことはできません。
第1章 dアカウントの利用等
第1条 dアカウントの利用
(1) dアカウントは、ドコモまたはdアカウントのIDおよびパスワード(IDとパスワードとを併せて以下「ID/パスワード」といいます)による認証に対応したアプリケーションまたはサイトの運営事業者が提供する各種サービス(以下
*未成年の方のdポイントクラブへの入会には親権者の同意が必要です。
メール受信設定
dポイントのお知らせメール
dポイントクラブのお得メール
ドコモお得情報メール
タップする
同意する

12 dアカウントの作成が完了しました。生体認証の設定は、ここでは<設定しない>をタップして、<OK>をタップします。

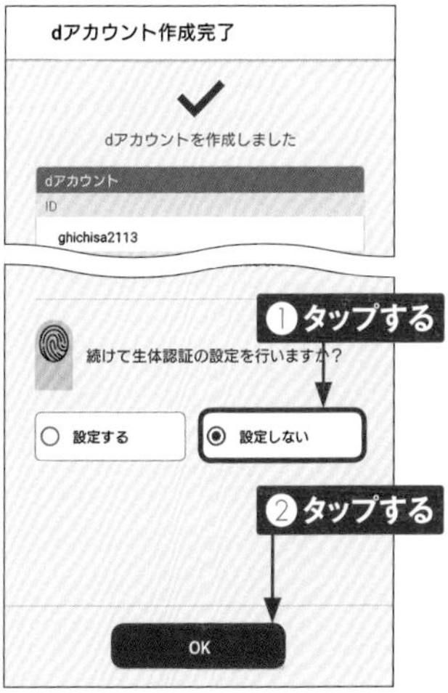
dアカウント作成完了
dアカウントを作成しました
dアカウント
ID
ghichisa2113
①タップする
続けて生体認証の設定を行いますか?
設定する
設定しない
②タップする
OK

13 「アプリ一括インストール」画面が表示されたら、<後で自動インストール>をタップして、<進む>をタップします。

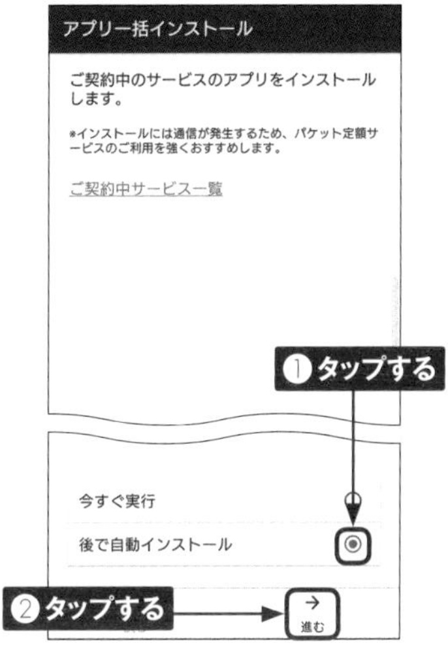
アプリ一括インストール
ご契約中のサービスのアプリをインストールします。
*インストールには通信が発生するため、パケット定額サービスのご利用を強くおすすめします。
ご契約中サービス一覧
①タップする
今すぐ実行
後で自動インストール
②タップする
進む

14 dアカウントの設定が完了します。

dアカウント
ID
ghichisa2113
2段階認証
弱:セキュリティコード
生体認証または画面ロックで認証
未設定
パスワード
連絡先メールアドレス
ケータイメール:未設定
ウェブメール:gh**********@gmail.com
会員情報
本人確認状態:未実施
ID操作

spモードパスワードを変更する

1 ホーム画面で<dメニュー>をタップし、<My docomo>→<設定（メール等）>の順にタップします。

2 画面を上方向にスライドし、<spモードパスワード>→<変更する>の順にタップします。dアカウントへのログインが求められたら画面の指示に従ってログインします。

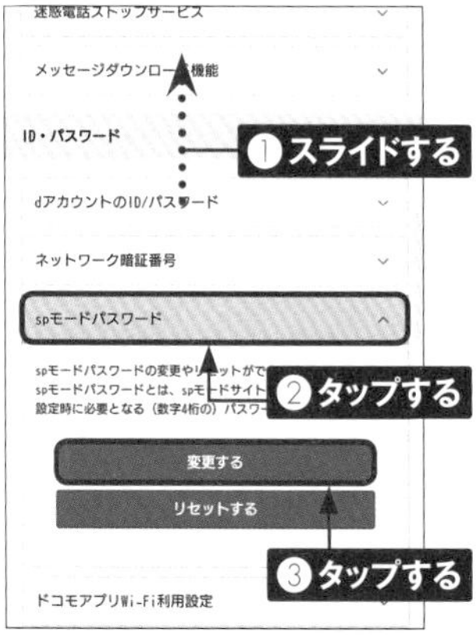

3 ネットワーク暗証番号を入力し、<認証する>をタップします。パスワードの保存画面が表示されたら、<使用しない>をタップします。

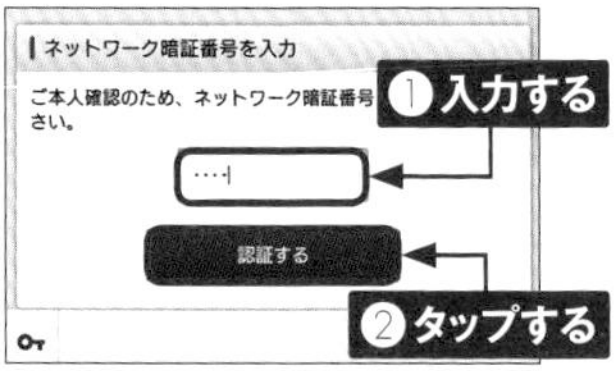

4 現在のspモードパスワード（初期値は「0000」）と新しいパスワード（不規則な数字4文字）を入力します。<設定を確定する>をタップします。

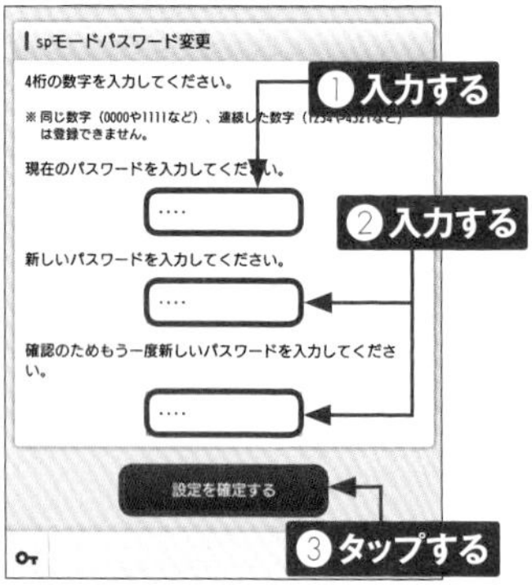

MEMO

spモードパスワードのリセット

spモードパスワードがわからなくなったときは、手順②の画面で<リセットする>をタップし、画面の指示に従って暗証番号などを入力して手続きを行うと、初期値の「0000」にリセットできます。

Chapter 2

電話機能を使う

電話をかける・受ける

電話操作は発信も着信も非常にシンプルです。発信時はホーム画面のアイコンからかんたんに電話を発信でき、着信時はドラッグまたはタップ操作で通話を開始できます。

電話をかける

1 ホーム画面で をタップします。

2 「電話」アプリが起動します。<ダイヤル>をタップします。

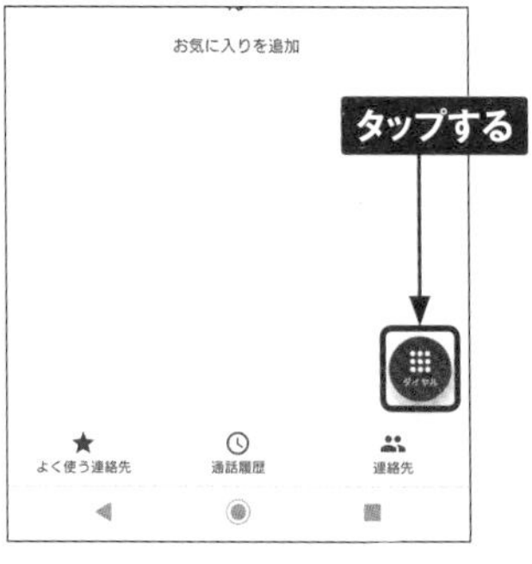

3 相手の電話番号をタップして入力し、 をタップすると、電話が発信されます。

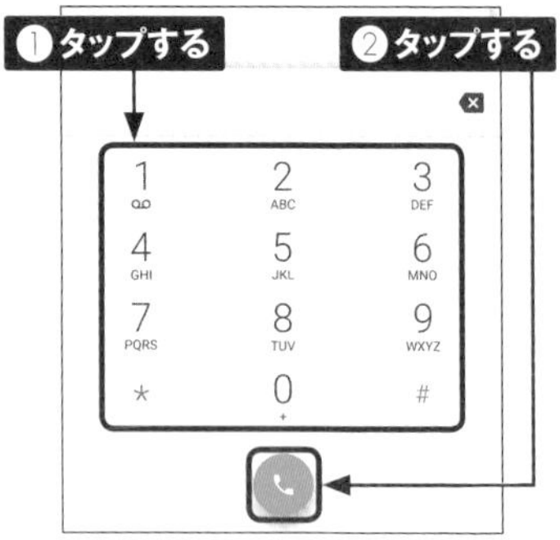

4 相手が応答すると通話がはじまります。 をタップすると、通話が終了します。

電話を受ける

1 電話がかかってくると、着信画面が表示されます（スリープ状態の場合）。をを上方向にスワイプします。また、画面上部に通知で表示された場合は、＜電話に出る＞をタップします。

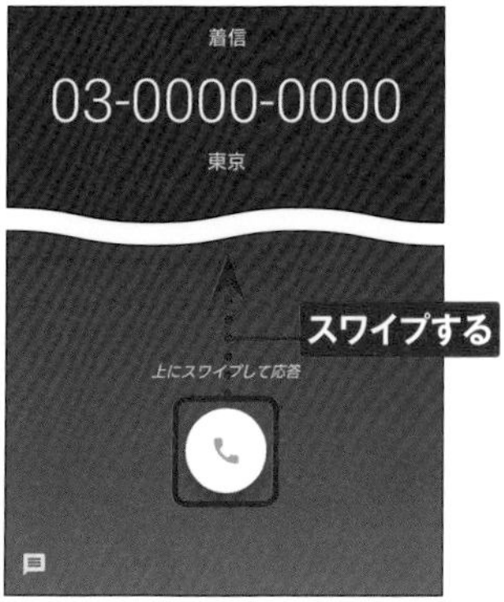

2 相手との通話がはじまります。通話中にアイコンをタップすると、ダイヤルキーなどの機能を利用できます。

3 をタップすると、通話が終了します。

MEMO

スグ電とは

Xperia 5 IIでは、着信中に特定のジェスチャーを行うことで、電話に応答したり、拒否したりできる「スグ電」が利用可能です。P.46手順②の画面で右上の⋮をタップし、＜設定＞→＜通話＞→＜スグ電設定＞の順にタップして設定することで、下記のような操作を利用できます。

応答	端末を耳に当てると電話を受けられる
切断	ジェスチャーや音声で電話を切ることができる
消音・拒否	端末を2回振るか下向きに置くと、着信音の消音や着信拒否ができる

履歴を確認する

電話の発信や着信の履歴は、通話履歴画面で確認します。また、電話をかけ直したいときに発着信履歴画面から発信したり、電話した理由をメッセージ（SMS）で送信したりすることもできます。

発信や着信の履歴を確認する

1 ホーム画面で をタップして「電話」アプリを起動し、＜通話履歴＞をタップします。

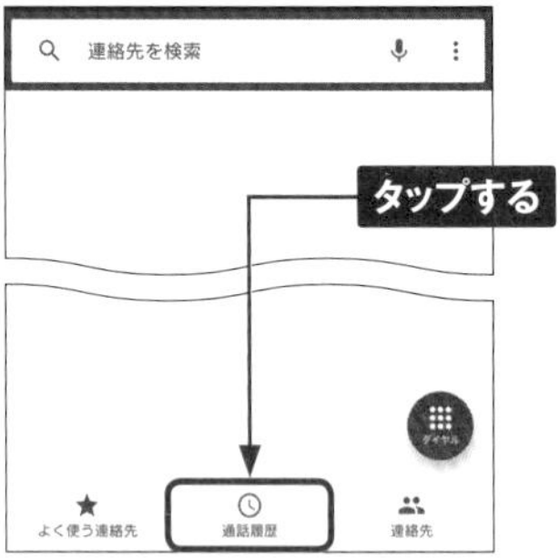

2 通話の履歴を確認できます。履歴をタップして、＜通話の詳細＞をタップします。

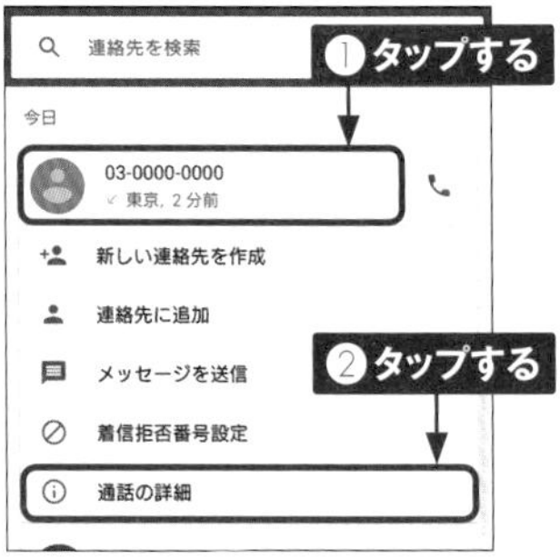

3 通話の詳細を確認することができます。

MEMO 履歴の削除

手順③の画面で＜削除＞をタップすると、履歴を削除できます。

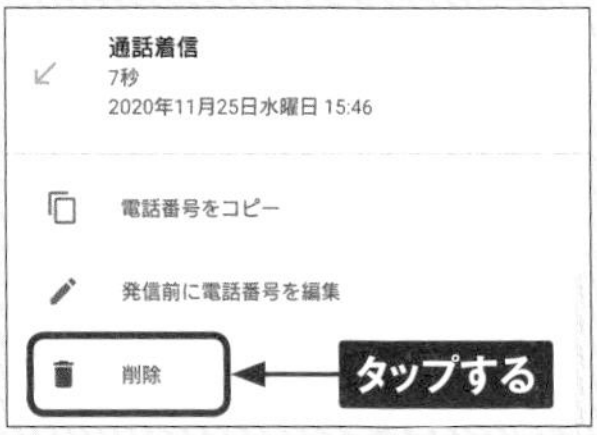

履歴から発信する

1. P.48手順①を参考に通話履歴画面を表示します。発信したい履歴の📞をタップします。

2. 電話が発信されます。

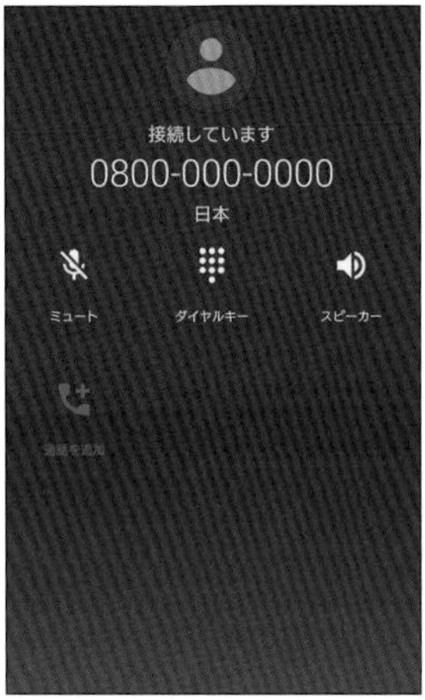

MEMO 電話した理由をメッセージ（SMS）で送信

相手が応答しなかった場合は、画面下部に「電話をした理由を伝えられます」と表示されるので、<メッセージを送信>をタップします。メッセージを候補から選んで入力するか、<カスタムメッセージを入力>に好きなメッセージを入力して、➤をタップすると、相手にメッセージ（SMS）が送信されます。

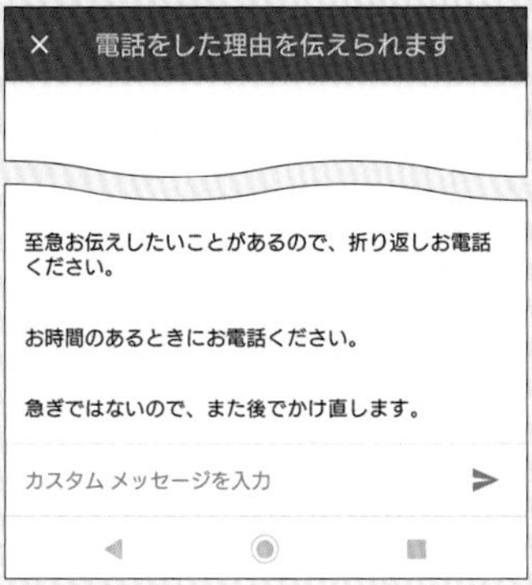

Section 16

伝言メモを利用する

Xperia 5 IIでは、電話に応答できないときに本体に伝言を記録する伝言メモ機能を利用できます。有料サービスである留守番電話サービスとは異なり、無料で利用できるのでぜひ使ってみましょう。

伝言メモを設定する

1 P.46手順①を参考に「電話」アプリを起動して、画面右上の⋮をタップし、<設定>をタップします。

2 「設定」画面で<通話>→<伝言メモ>→<OK>の順にタップします。

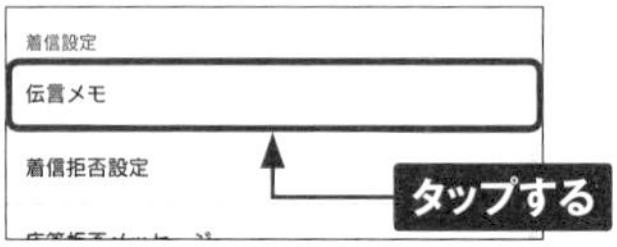

3 「伝言メモ」画面で<伝言メモ>をタップし、 を に切り替えます。<応答時間設定>をタップします。

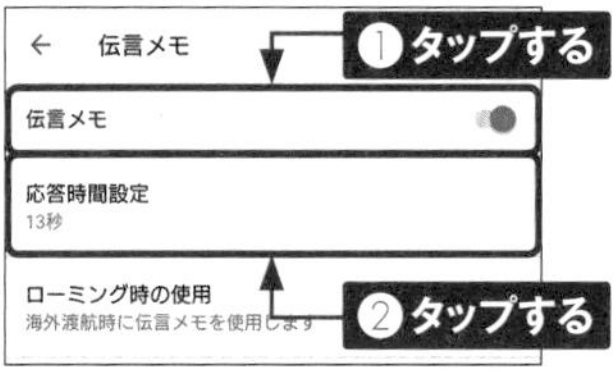

4 説明を確認して、<OK>をタップします。

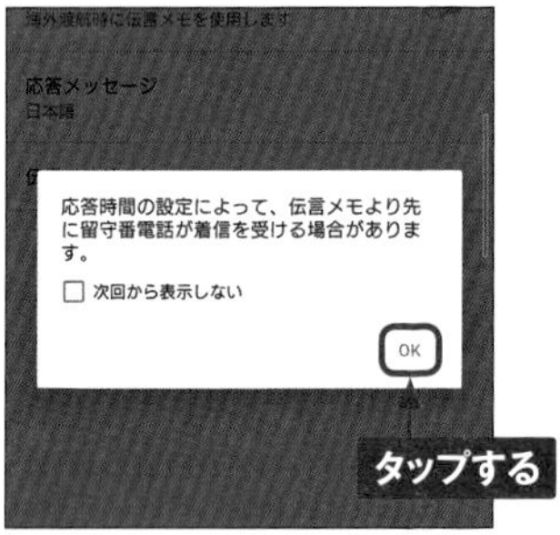

5 応答時間をドラッグして変更し、<完了>をタップします。留守番電話サービスの呼び出し時間（15秒）より短く設定する必要があります。

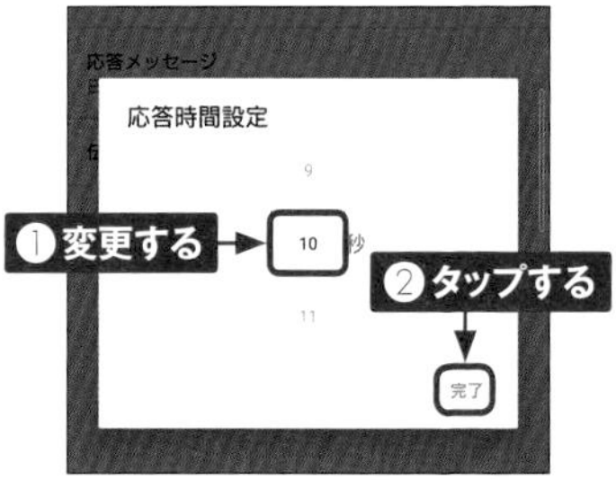

伝言メモを再生する

1 不在着信と伝言メモがあると、ステータスバーにが表示されます。ステータスバーを下方向にドラッグします。

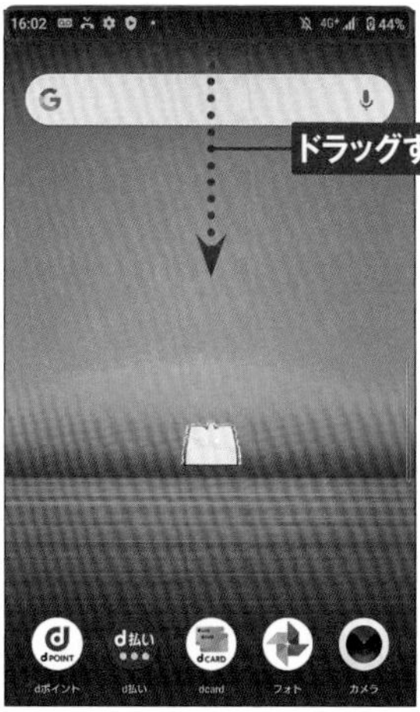

2 通知パネルが表示されるので、伝言メモの通知をタップします。

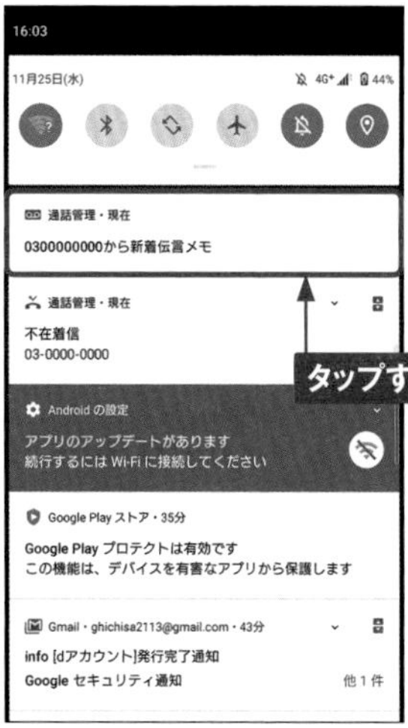

3 「伝言メモリスト」画面で聞きたい伝言メモをタップすると、伝言メモが再生されます。

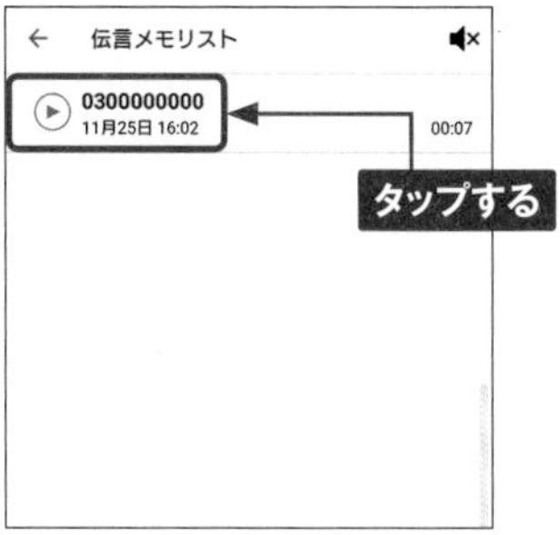

4 伝言メモを削除するには、ロングタッチして＜削除＞をタップします。

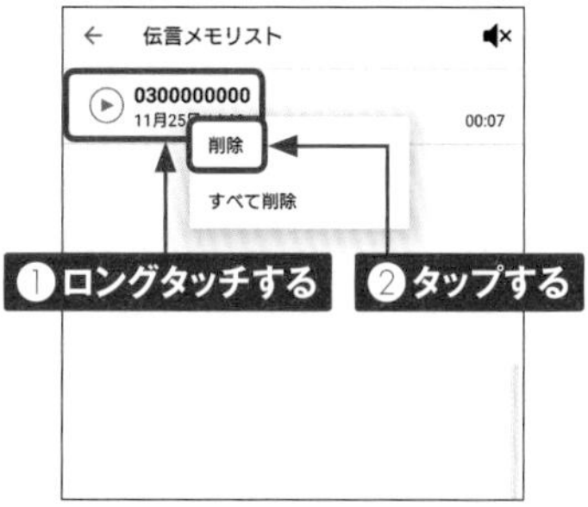

MEMO

留守番電話サービスとの違い

有料の「留守番電話サービス」は、端末の電源が切れていたり通話圏外であったりしても、留守番電話を受けられます。ただし、留守電メッセージを確認するには「1417」に電話をかける必要があります。

電話帳を利用する

電話番号やメールアドレスなどの連絡先は、「ドコモ電話帳」で管理することができます。クラウド機能を有効にすることで、電話帳データが専用のサーバーに自動で保存されます。

ドコモ電話帳のクラウド機能を有効にする

1 アプリ一覧画面で＜ドコモ電話帳＞をタップします。

2 初回起動時は「クラウドの利用について」画面が表示されます。＜注意事項＞をタップします。

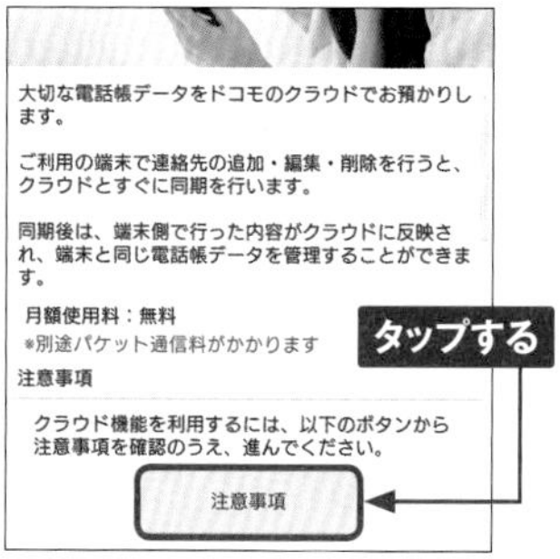

3 「Chromeにようこそ」画面が表示された場合は、＜同意して続行＞→＜続行＞→＜OK＞の順にタップします。注意事項が表示されるので、説明を確認して、◀をタップします。

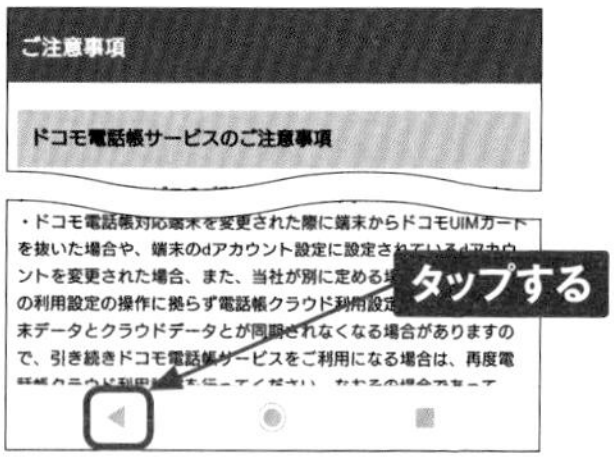

4 手順②の画面に戻るので、＜利用する＞をタップします。

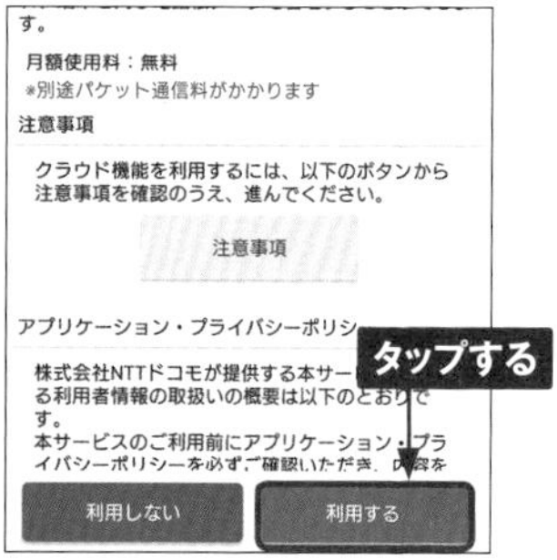

5 すでに利用したことがあって、クラウドにデータがある場合は、「すべての連絡先」画面に登録済みの電話帳データが表示され、ドコモ電話帳が利用できるようになります。

MEMO ドコモ電話帳のクラウド機能とは

ドコモ電話帳では、電話帳データを専用のクラウドサーバーに自動で保存しています。そのため、機種変更をしたときも、クラウドを利用してかんたんに電話帳を移行することができます。そのほか、別の端末から同じdアカウントを利用することで、クラウド上にある電話帳を閲覧・編集できる「マルチデバイス機能」も用意されています。

電話帳のデータを切り替える

1 「ドコモ電話帳」アプリを起動し、≡をタップしてメニューを表示します。アカウントを選択します。ここでは、<docomo>をタップします。

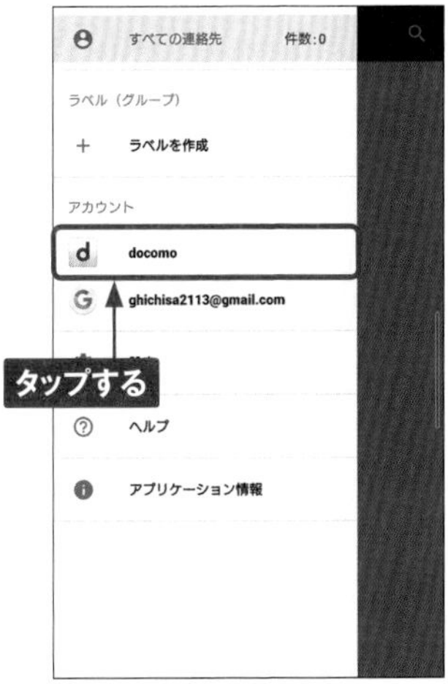

2 ドコモのクラウドサーバーに保存している連絡先だけが表示されます。

連絡先に新規連絡先を登録する

1 P.53手順⑤の画面で＋をタップします。

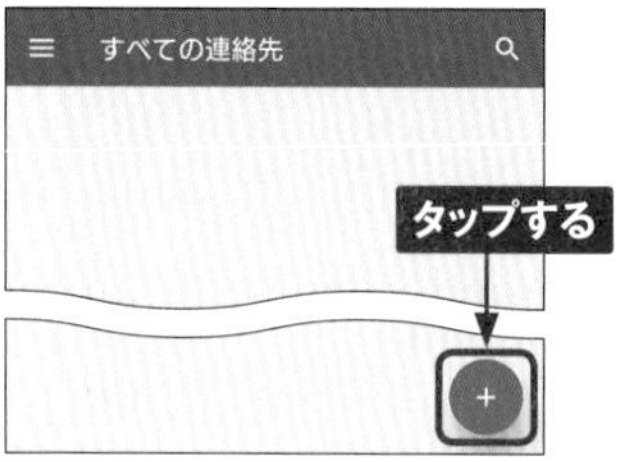

2 連絡先を保存するアカウントを選びます。ここでは<docomo>をタップします。

3 入力欄をタップし、「姓」と「名」の入力欄に相手の氏名を入力します。<その他項目>をタップして、フリガナを入力します。

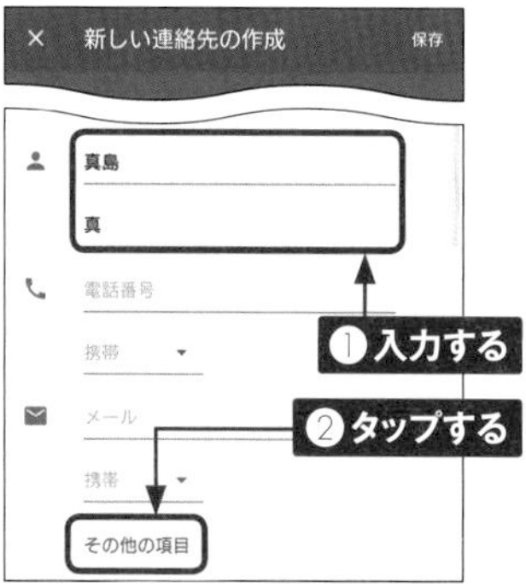

4 電話番号の情報も入力し、完了したら、<保存>をタップします。

5 連絡先の情報が保存され、登録した相手の情報が表示されます。

MEMO **連絡先の保存先**

連絡先を新規登録する際、手順③の画面で<保存先>をタップすると、保存先を「docomo」と「Google」のどちらかから選ぶことができます。

連絡先を履歴から登録する

1 P.46手順①を参考にして、「電話」アプリを起動します。<通話記録>をタップして、通話履歴を表示します。連絡先に登録したい電話番号をタップします。

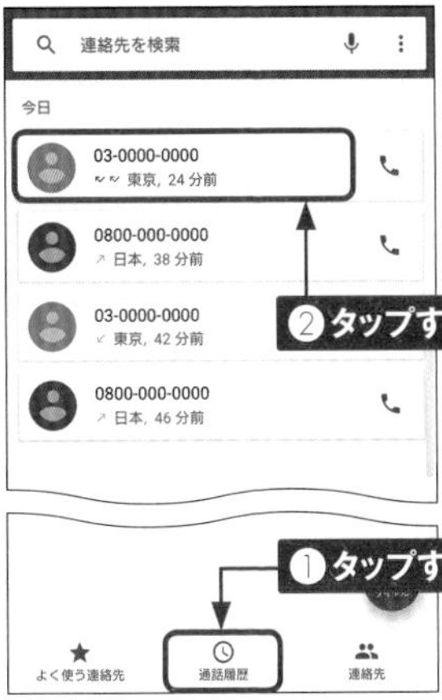

2 <新しい連絡先を作成>（既存の連絡先に登録する場合は<連絡先に追加>）をタップします。

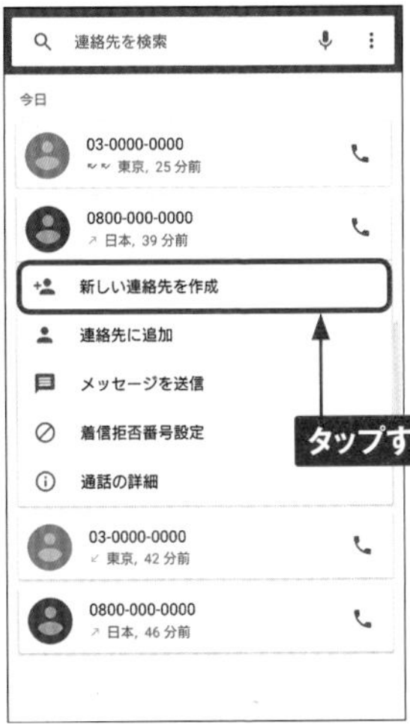

3 P.54手順②～③の方法で連絡先の情報を登録します。

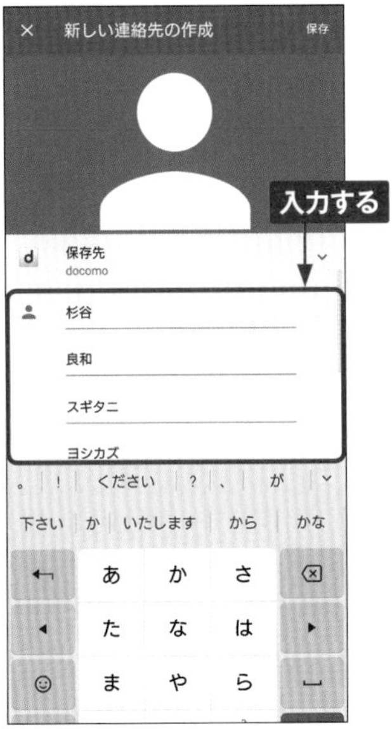

MEMO 連絡先の検索

「電話」アプリや「ドコモ電話帳」アプリの上部にある🔍をタップすると、登録されている連絡先を探すことができます。フリガナを登録している場合は、名字もしくは名前の読みの一文字目を入力すると候補に表示されます。

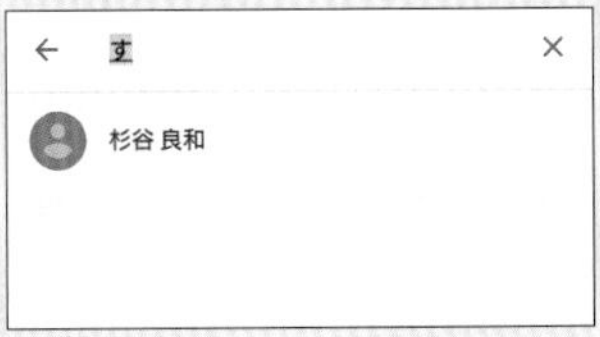

マイプロフィールを確認・編集する

1 P.53手順①を参考にメニューを表示し、＜設定＞をタップします。

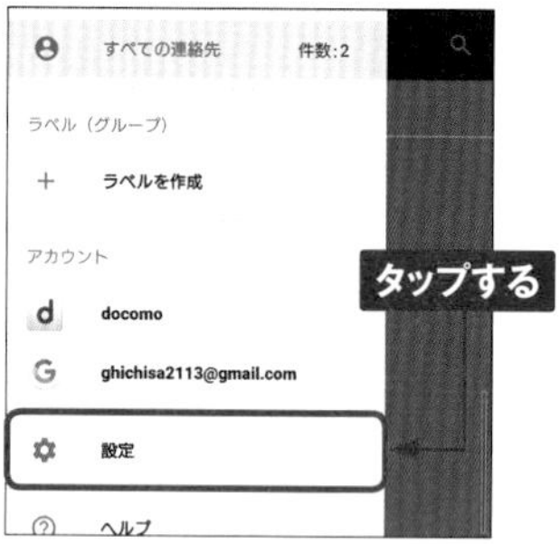

2 ＜ユーザー情報＞をタップします。

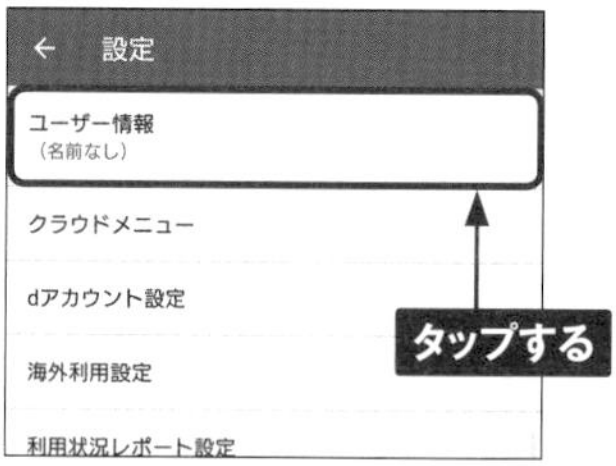

3 自分の情報を登録できます。編集する場合は、をタップします。

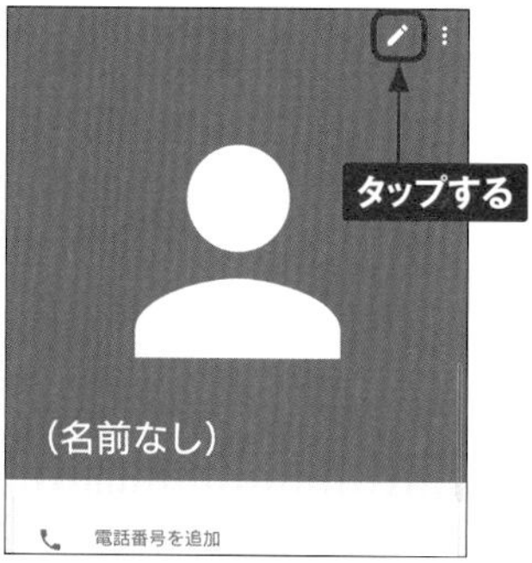

4 P.54手順②～③の方法で情報を入力し、＜保存＞をタップします。

MEMO **住所の登録**

マイプロフィールに住所や誕生日などを登録したい場合は、手順③の画面下部にある＜その他項目＞をタップし、＜住所＞などをタップします。

ドコモ電話帳のそのほかの機能

●電話帳を編集する

1 P.52手順①を参考に「すべての連絡先」画面を表示し、編集したい連絡先の名前をタップします。

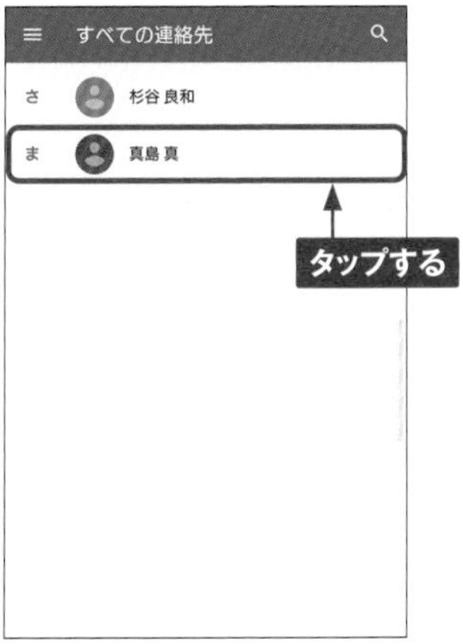

2 をタップして「連絡先を編集」画面を表示し、P.54手順③～④の方法で連絡先を編集します。

●電話帳から電話を発信する

1 左記手順②の画面で電話番号をタップします。

2 電話が発信されます。

Section 18

着信拒否を設定する

迷惑電話ストップサービス（無料）を利用すると、リストに登録した電話番号からの着信を拒否することができます。迷惑電話やいたずら電話がくり返しかかってきたときに、着信拒否を設定しましょう。

着信拒否リストに登録する

1 P.46手順①を参考に「電話」アプリを起動し、画面右上の︙→＜設定＞→＜通話＞の順にタップします。

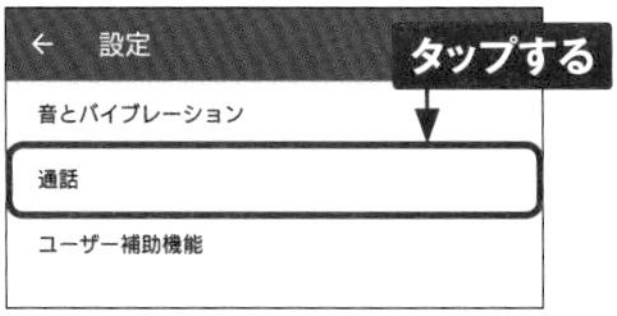

2 ＜ネットワークサービス＞をタップします。

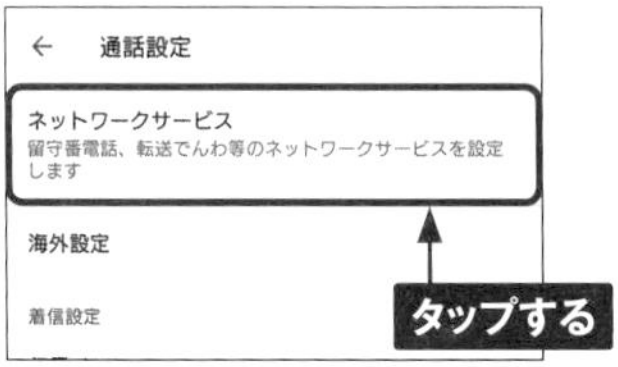

3 ＜迷惑電話ストップサービス＞をタップします。

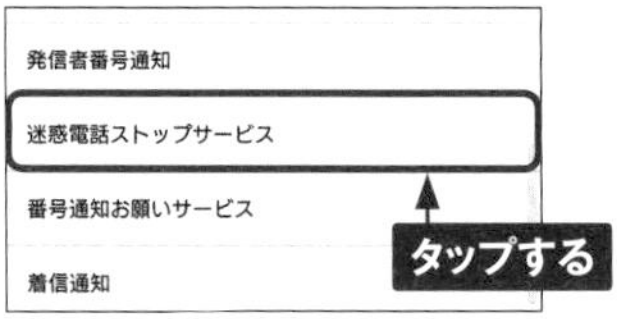

4 ＜番号指定拒否登録＞をタップします。

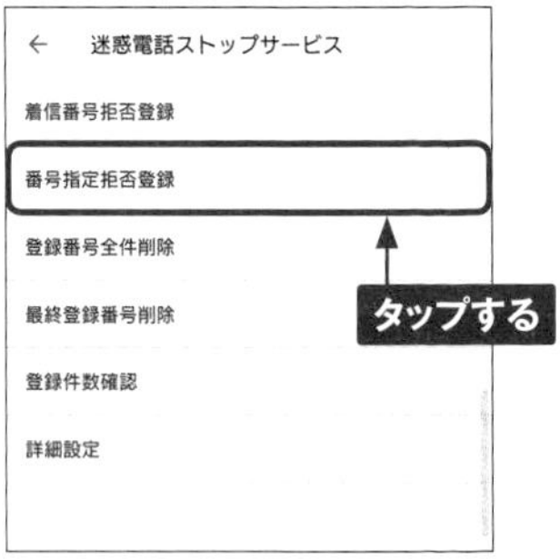

MEMO

最後に着信した電話番号の着信拒否登録

手順④の画面で＜着信番号拒否登録＞→＜OK＞の順にタップすると、最後に着信した相手の電話番号を着信拒否リストに登録できます。また、＜詳細設定＞をタップすると、「My docomo」（Sec.38参照）からリストに登録した電話番号の確認や削除などが行えます。

5 着信を拒否したい電話番号を入力し、<OK>をタップします。

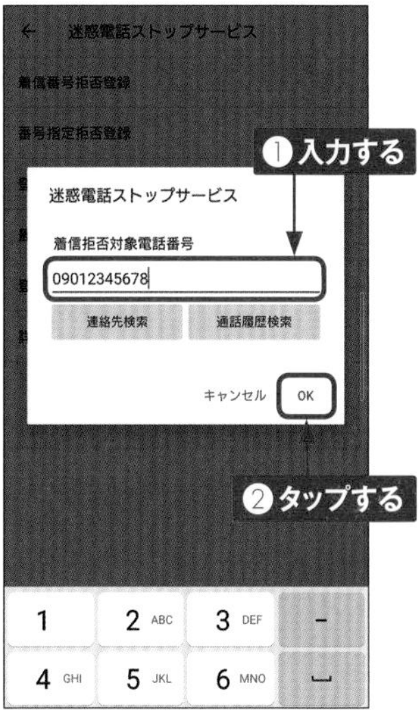

6 確認のメッセージが表示されたら、<OK>をタップします。

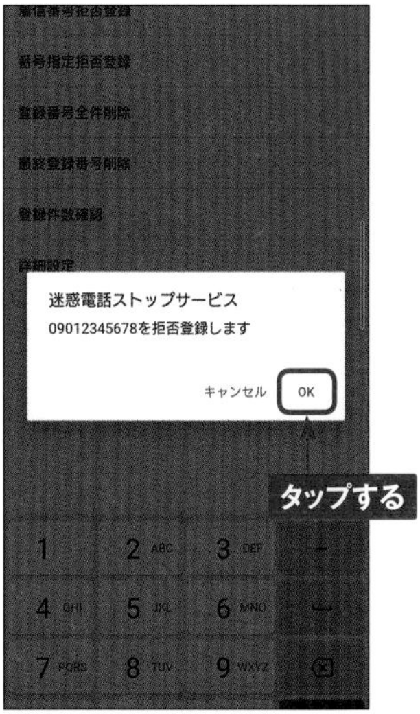

7 「登録しました」というメッセージが表示されたら、<OK>をタップします。

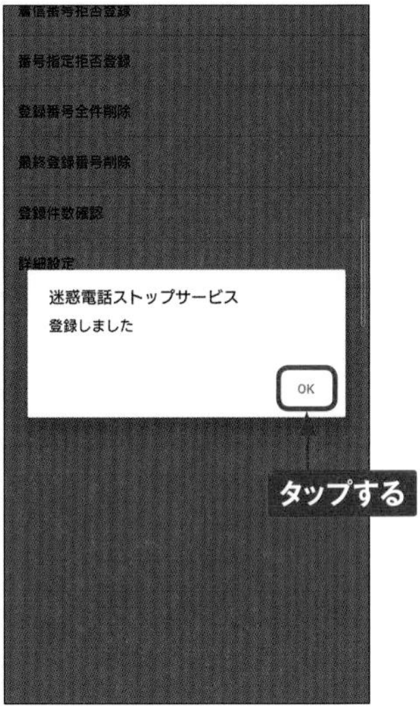

MEMO

着信拒否リストに登録した電話番号の削除

電話番号を間違えて着信拒否リストに登録してしまったときは、P.58手順④の画面で<最終登録番号削除>をタップして、<OK>をタップすると、最後に登録した電話番号だけが解除されます。なお、<登録番号全件削除>をタップすると、これまで登録したすべての電話番号が登録解除されます。

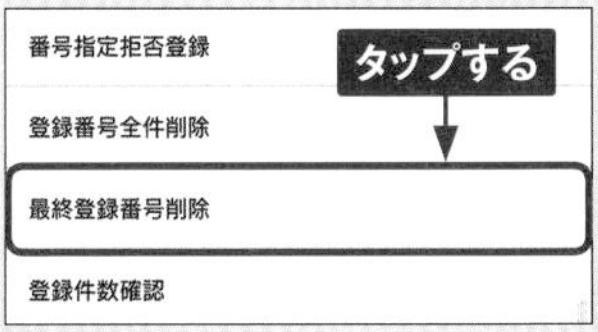

Section 19

音やマナーモードを設定する

メールの通知音や電話の着信音は、「設定」アプリから変更することができます。また、マナーモードの設定などは、クイック設定ツールからワンタップで行うことができます。

通知音や着信音を変更する

1 P.20を参考に「設定」アプリを起動して、<音設定>をタップします。

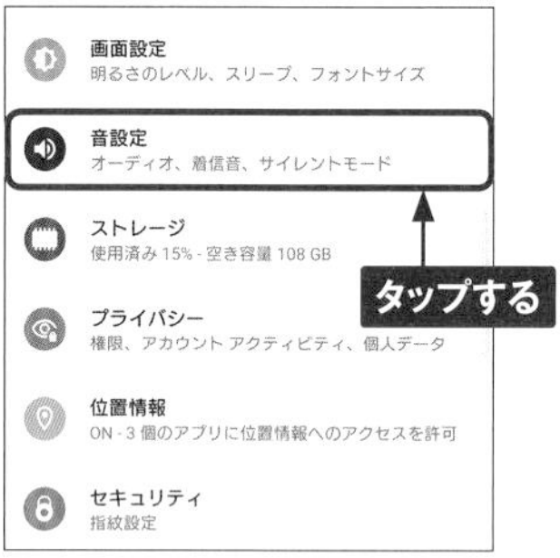

2 「音設定」画面が表示されるので、<着信音>または<通知音>をタップします。ここでは<着信音>をタップします。

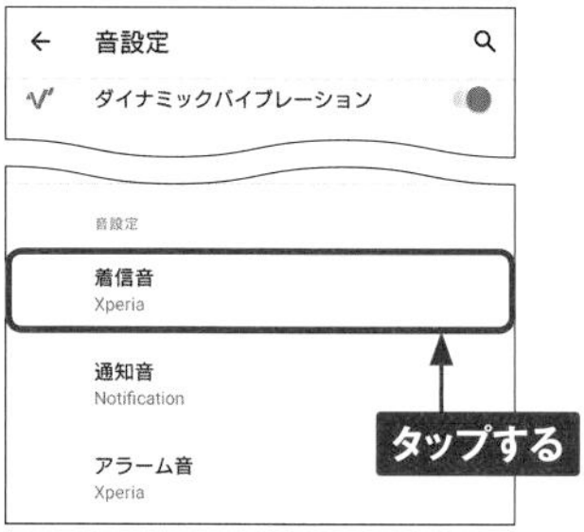

3 変更したい着信音をタップすると、着信音を確認することができます。<OK>をタップすると、着信音が変更されます。

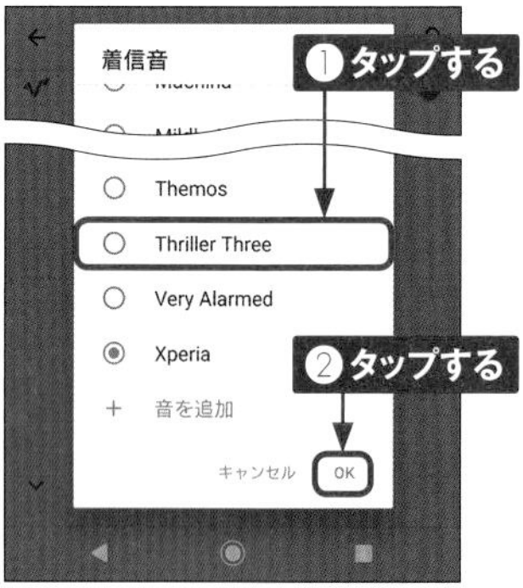

MEMO **操作音などを設定する**

手順②の画面で<詳細設定>をタップすると、「ダイヤルパッドの操作音」や「画面ロック音」などのシステム操作時の音、キーボード操作の音などのキータップ時の音の有効・無効を切り替えることができます。

音量を設定する

●音量キーから設定する

1 ロックを解除した状態で、音量キーを押すと、メディアの音量設定画面が表示されるので、スライダーをドラッグして、音量を設定します。をタップします。

2 他の項目が表示され、ここから音量を設定することができます。

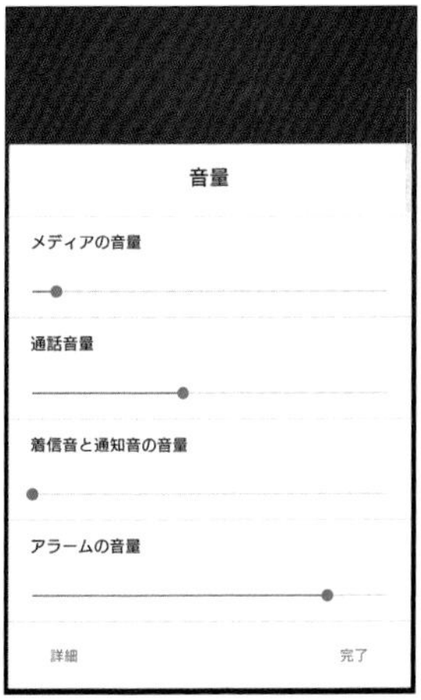

●「設定」アプリから設定する

1 P.60手順②の画面で、各項目のスライダーをドラッグして音量を調節することができます。

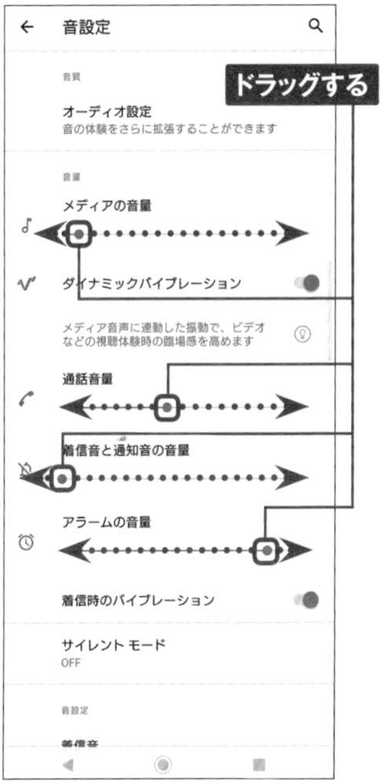

MEMO ダイナミックバイブレーション

Xperia 5 IIで音楽や動画やゲームを再生しているときに音量キーを押すと、音の大きさに応じて振動する「ダイナミックバイブレーション」機能の強弱を設定できます。この強弱設定は、再生するアプリごとに保存されます。

マナーモードを設定する

1 ステータスバーを下方向にドラッグします。

2 通知パネル上部のクイック設定ツールに が表示され、着信などのときに音が鳴る状態になっています。 をタップします。

3 表示が に切り替わり、マナーモード（バイブあり）になります。 をタップします。

4 表示が に切り替わり、マナーモード（バイブなし）になります。 をタップすると、音が鳴る状態に戻ります。

Chapter 3

メールやインターネットを利用する

Webページを閲覧する

「Chrome」アプリでWebページを閲覧できます。Googleアカウントでログインすることで、パソコン用の「Google Chrome」とブックマークや履歴の共有が行えます。

3

Webページを閲覧する

① ホーム画面を表示して、をタップします。初回起動時はアカウントの確認画面が表示されるので、<同意して続行>をタップし、「同期を有効にしますか?」画面で<有効にする>をタップします。

② 「Chrome」アプリが起動して、標準ではdメニューのWebページが表示されます。「アドレスバー」が表示されない場合は、画面を下方向にスライドすると表示されます。

③ 「アドレスバー」をタップし、URLを入力して、をタップします。入力の際に下部に表示される検索候補をタップすると、検索結果などが表示されます。

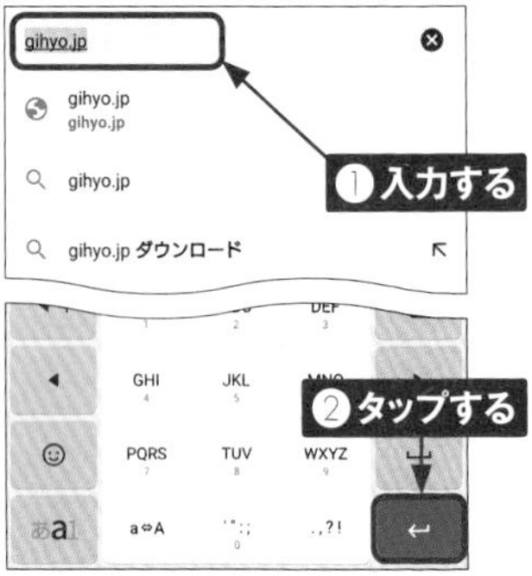

④ 入力したURLのWebページが表示されます。

Webページを移動・更新する

① Webページの閲覧中に、リンク先のページに移動したい場合、ページ内のリンクをタップします。

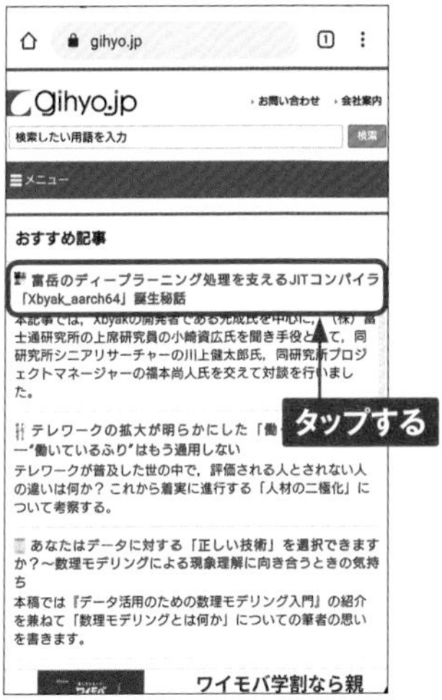

② ページが移動します。◀をタップすると、タップした回数分だけページが戻ります。

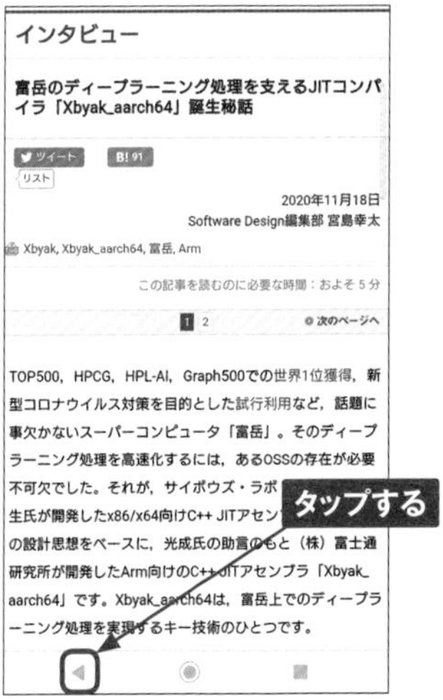

③ 画面右上の⋮をタップして、→をタップすると、前のページに進みます。

④ ⋮をタップして、Cをタップすると、表示しているページが更新されます。

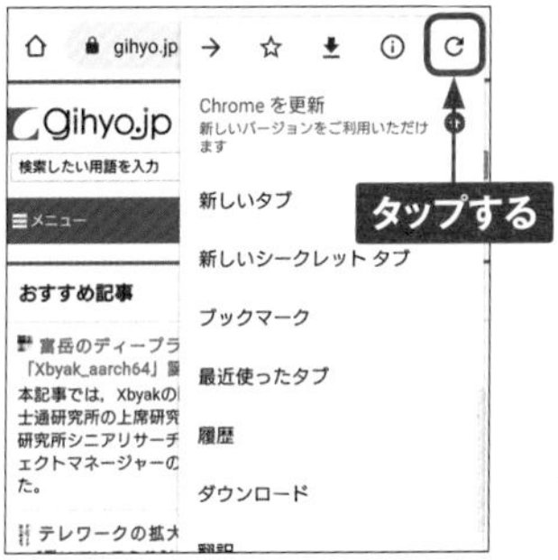

MEMO　Google検索

P.64手順③で「アドレスバー」に調べたいキーワードを入力して→をタップすると、検索した結果のページが表示されます。キーワードの一部を入力して、下部の🔍アイコンの項目をタップすることでも検索できます。

Section 21

複数のWebページを同時に開く

「Chrome」アプリでは、複数のWebページをタブを切り替えて同時に開くことができます。複数のページを交互に参照したいときや、常に表示しておきたいページがあるときに利用すると便利です。

Webページを新しいタブで開く

① 「アドレスバー」を表示して（P.64参照）、⋮をタップします。

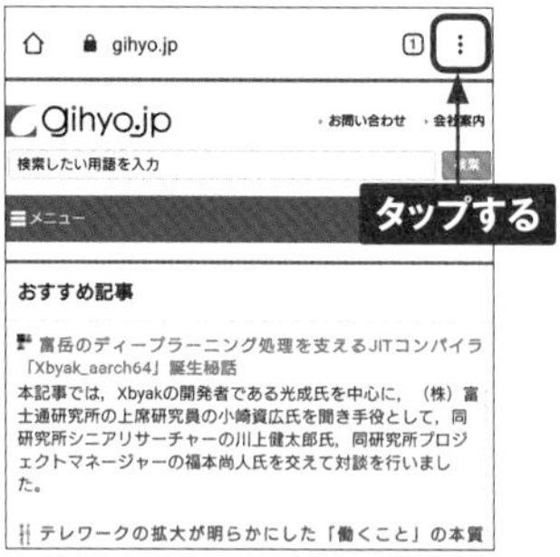

② ＜新しいタブ＞をタップします。

③ 新しいタブが表示されます。

MEMO リンクを新しいタブで開くには

ページ内のリンクをロングタッチし、＜新しいタブで開く＞をタップすると、リンク先のWebページが新しいタブで開きます。

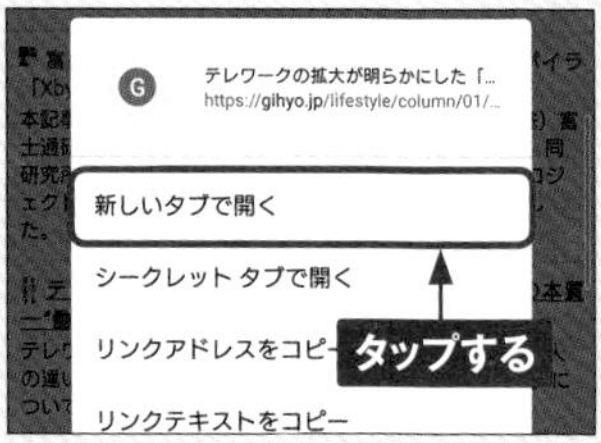

複数のタブを切り替える

1 複数のタブを開いた状態でタブ切り替えアイコンをタップします。

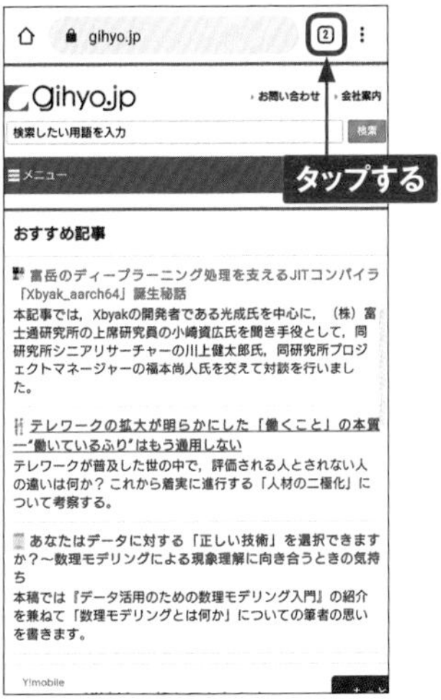

2 現在開いているタブの一覧が表示されるので、上下にスライドして表示したいタブをタップします。

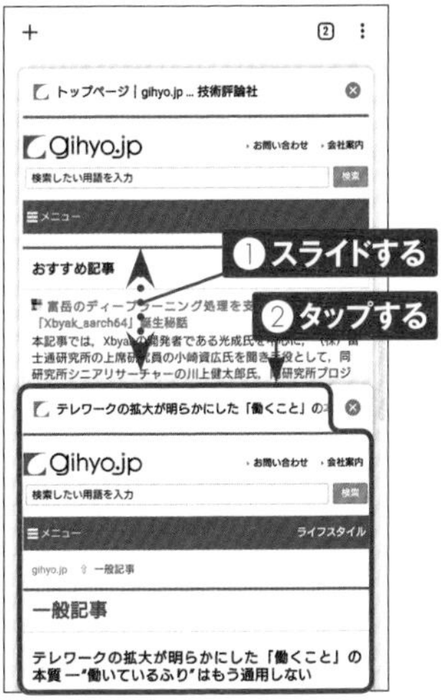

3 表示するタブが切り替わります。

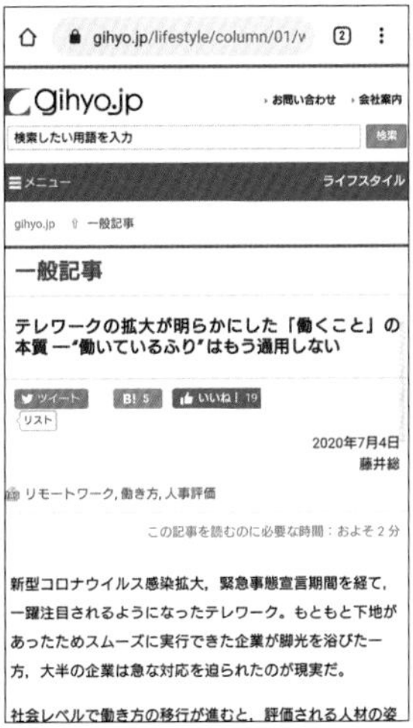

MEMO タブを閉じるには

不要なタブを閉じたいときは、手順②の画面で、閉じたいタブを左右にフリックするか、右上の⊗をタップします。なお、最後に残ったタブを閉じると、「Chrome」アプリが終了します。

Section 22

ブックマークを利用する

「Chrome」アプリでは、WebページのURLを「ブックマーク」に追加し、好きなときにすぐに表示することができます。よく閲覧するWebページはブックマークに追加しておくと便利です。

ブックマークを追加する

① ブックマークに追加したいWebページを表示して、⋮をタップします。

② ☆をタップします。

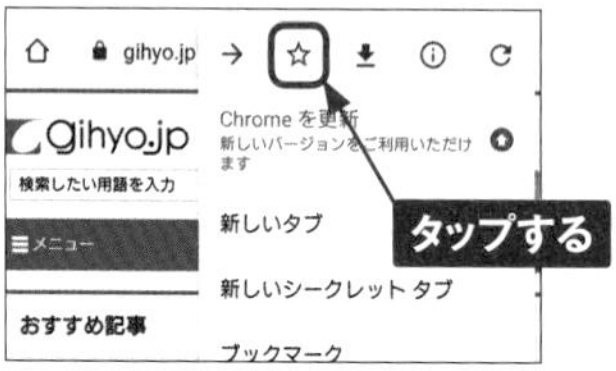

③ ブックマークが追加されます。追加直後に正面下部に表示される<編集>をタップします。

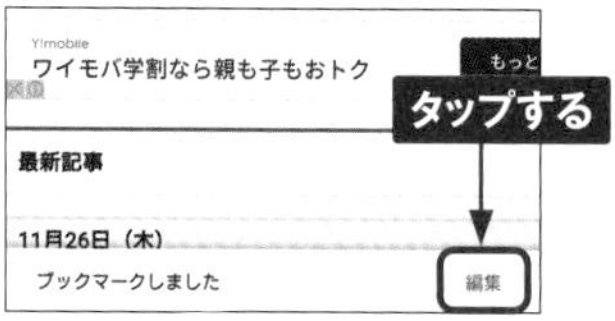

④ 名前や保存先のフォルダなどを編集し、←をタップします。

MEMO ホーム画面にショートカットを配置するには

手順②の画面で<ホーム画面に追加>をタップすると、表示しているWebページをホーム画面にアイコンとして配置できます。

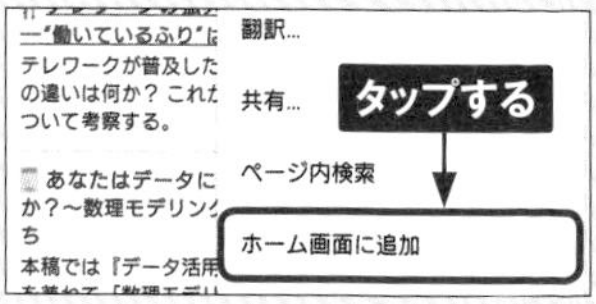

ブックマークからWebページを表示する

1 「Chrome」アプリを起動し、「アドレスバー」を表示して（P.64参照）、⋮をタップします。

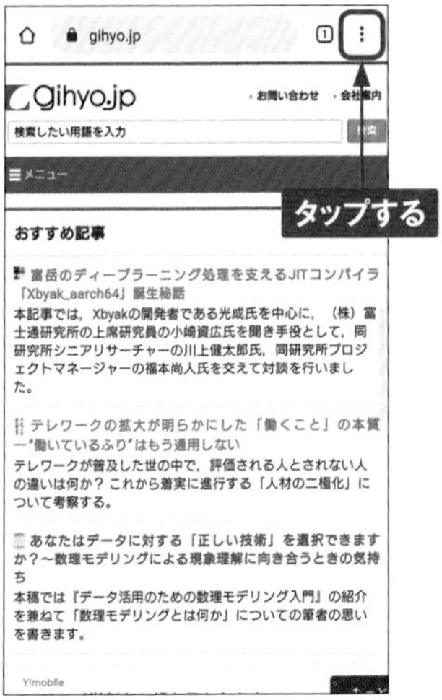

2 ＜ブックマーク＞をタップします。

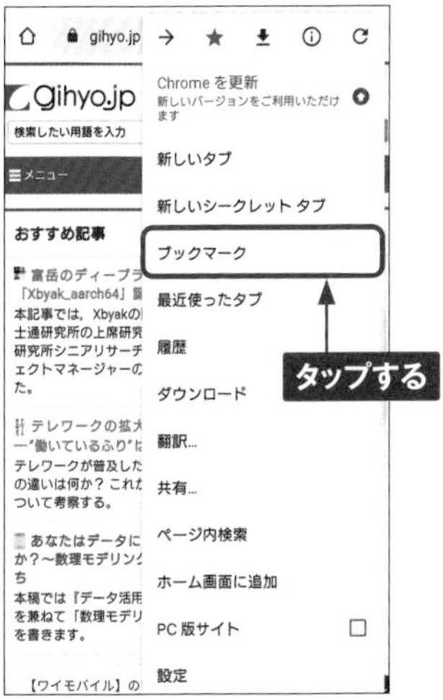

3 「ブックマーク」画面が表示されるので、閲覧したいブックマークをタップします。

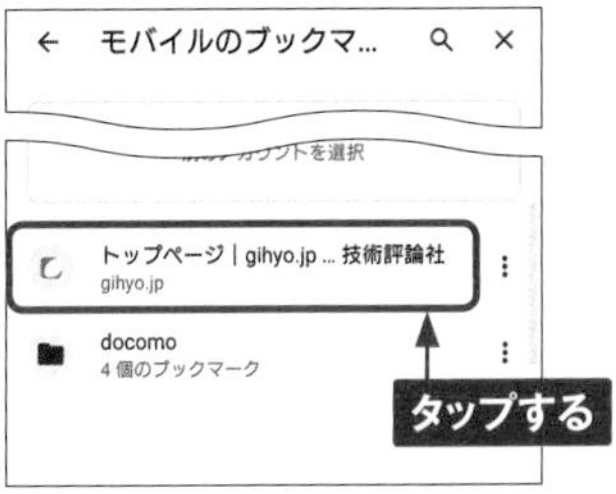

4 ブックマークに追加したWebページが表示されます。

MEMO ブックマークの削除

手順③の画面で削除したいブックマークの⋮をタップし、＜削除＞をタップすると、ブックマークを削除できます。

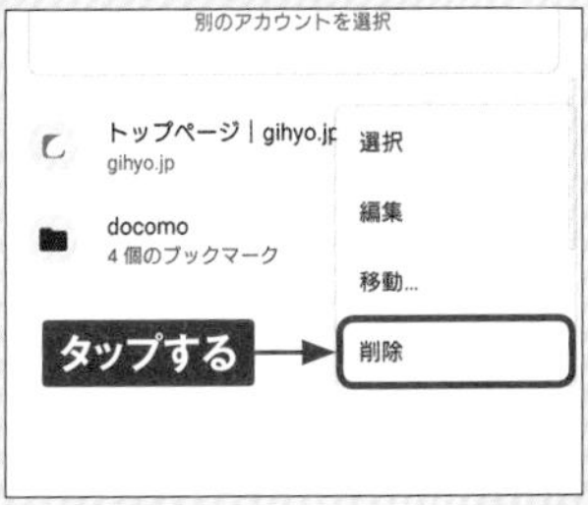

利用できるメールの種類

Xperia 5 IIでは、ドコモメール（@docomo.ne.jp）やSMS、+メッセージを利用できるほか、GmailおよびYahoo!メールなどのパソコンのメールも使えます。

ドコモメール

NTTドコモの提供するメールです。「@docomo.ne.jp」のアドレスが使えます。iモードと同じアドレスが使用可能です。

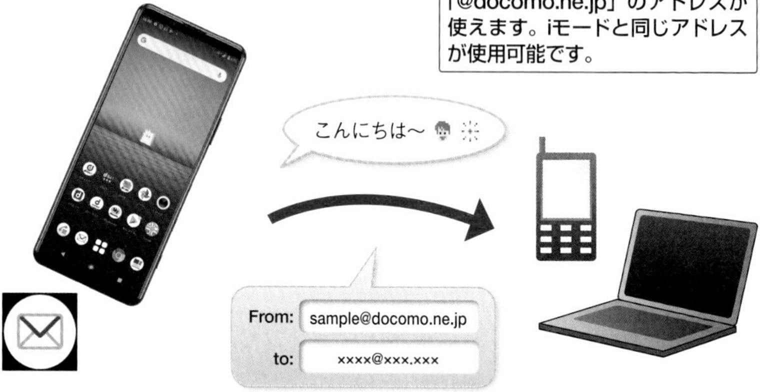

SMSと+メッセージ

相手の携帯電話番号宛にメッセージを送信します。従来のSMSとそれを拡張した+メッセージ（P.71 MEMO参照）を利用できます。

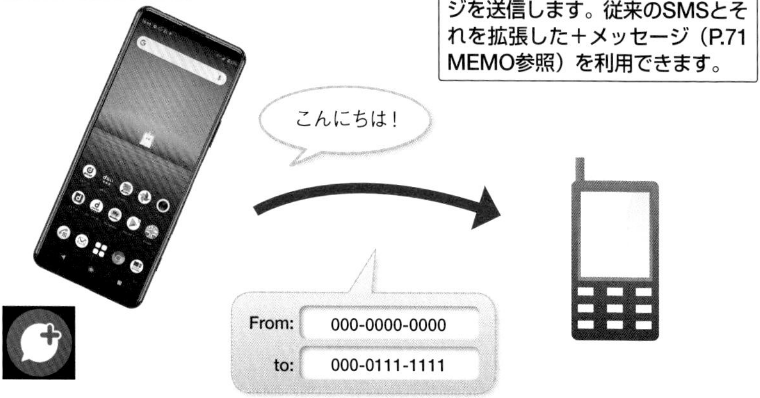

Gmail

Googleが提供するメールです。Xperia 5 IIにGoogleアカウントを設定すればすぐに利用できます。

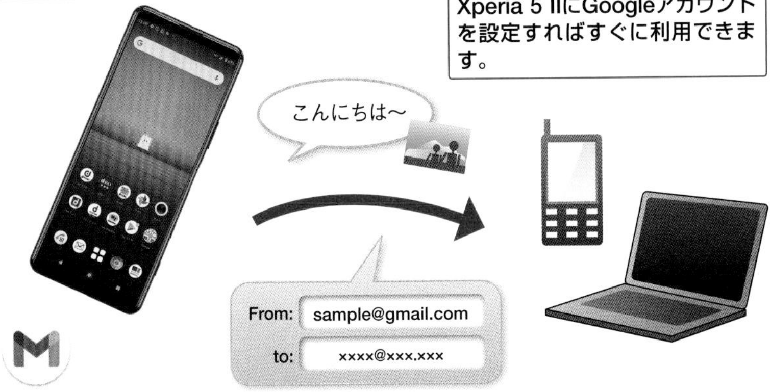

PCメール

パソコンで使用しているメールが使えます。複数のメールアカウントを登録することも可能です。

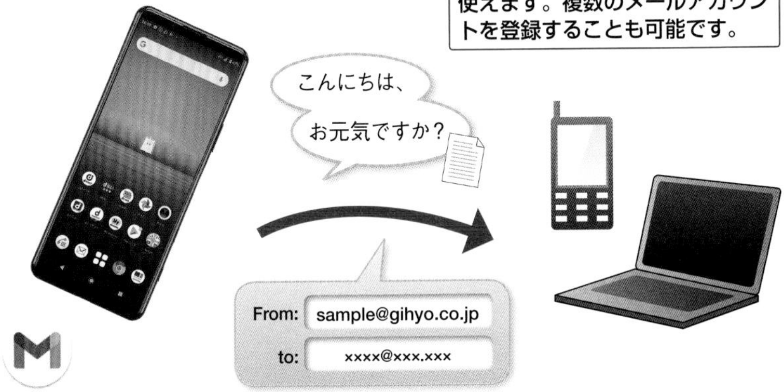

MEMO +メッセージについて

+メッセージは、従来のSMSを拡張したものです。宛先に相手の携帯電話番号を指定するのはSMSと同じですが、文字だけしか送信できないSMSと異なり、スタンプや写真、動画などを送ることができます。ただし、SMSは相手を問わず利用できるのに対し、+メッセージは、相手も+メッセージを利用している場合のみやり取りが行えます。相手が+メッセージを利用していない場合は、SMSとして文字のみが送信されます。+メッセージは、NTTドコモ、au、ソフトバンクのAndroidスマートフォンとiPhoneで利用できます。

Section 24

Application

ドコモメールを設定する

Xperia 5 IIでは「ドコモメール」を利用できます。ここでは、ドコモメールの初期設定方法を解説します。なお、ドコモショップなどで、すでに設定を行っている場合は、ここでの操作は必要ありません。

ドコモメールの利用を開始する

1 ホーム画面で✉をタップします。「ドコモメール」アプリがインストールされていない場合は、<アップデート>をタップしてインストールを行い、アプリを起動します。

dポイント
d払い
dcard
フォト
カメラ
dメニュー
dマーケット
My docomo
Play スト
タップする

2 アクセスの許可が求められるので、<次へ>をタップします。

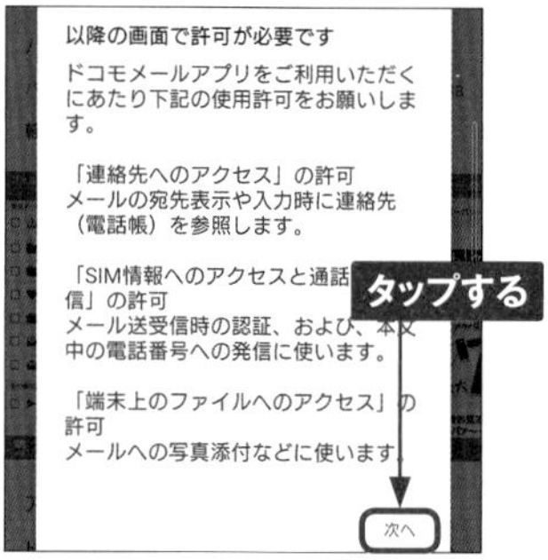
以降の画面で許可が必要です
ドコモメールアプリをご利用いただくにあたり下記の使用許可をお願いします。
「連絡先へのアクセス」の許可
メールの宛先表示や入力時に連絡先（電話帳）を参照します。
「SIM情報へのアクセスと通話
信」の許可
メール送受信時の認証、および、本
中の電話番号への発信に使います。
「端末上のファイルへのアクセス」
許可
メールへの写真添付などに使います
次へ
タップする

3 <許可>を3回タップして進みます。

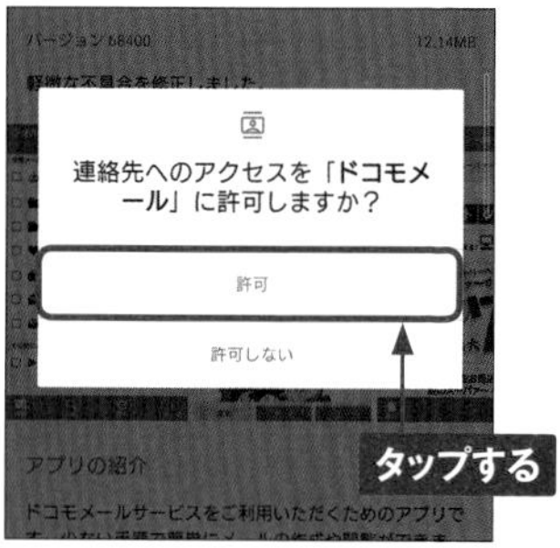
連絡先へのアクセスを「ドコモメール」に許可しますか？
許可
許可しない
アプリの紹介
タップする

4 プライバシーポリシーや利用規約が表示されたら、<利用開始>をタップします。

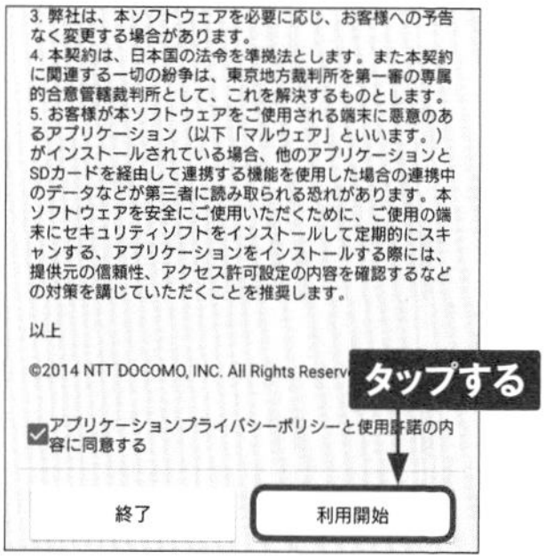
3. 弊社は、本ソフトウェアを必要に応じ、お客様への予告なく変更する場合があります。
4. 本契約は、日本国の法令を準拠法とします。また本契約に関連する一切の紛争は、東京地方裁判所を第一審の専属的合意管轄裁判所として、これを解決するものとします。
5. お客様が本ソフトウェアをご使用される端末に悪意のあるアプリケーション（以下「マルウェア」といいます。）がインストールされている場合、他のアプリケーションとSDカードを経由して連携する機能を使用した場合の連携中のデータなどが第三者に読み取られる恐れがあります。本ソフトウェアを安全にご使用いただくために、ご使用の端末にセキュリティソフトをインストールして定期的にスキャンする、アプリケーションをインストールする際には、提供元の信頼性、アクセス許可設定の内容を確認するなどの対策を講じていただくことを推奨します。
以上
©2014 NTT DOCOMO, INC. All Rights Reserv
アプリケーションプライバシーポリシーと使用諾の内容に同意する
終了
利用開始
タップする

5 「ドコモメールアプリ更新情報」画面が表示されたら、＜閉じる＞をタップします。

6 「文字サイズ設定」画面が表示されたら、使用したい文字サイズをタップし、＜OK＞をタップします。

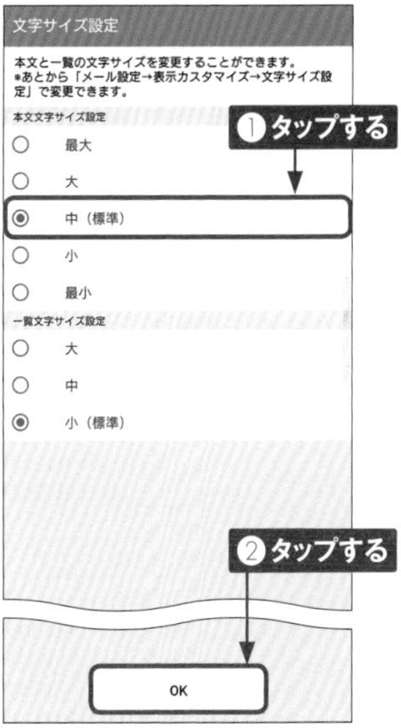

7 「フォルダ一覧」画面が表示され、ドコモメールが利用できるようになります。

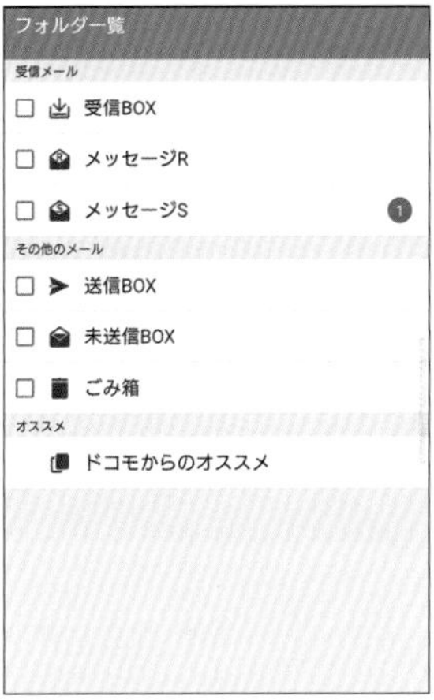

8 次回からは、P.72手順①で✉をタップするだけで手順⑦の画面が表示されます。

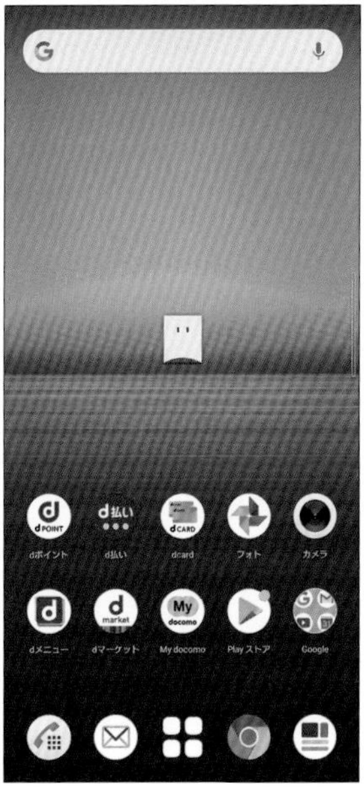

ドコモメールのアドレスを変更する

1 Sec.70を参考にあらかじめWi-Fiをオフにしておきます。新規契約の場合など、メールアドレスを変更したい場合は、ホーム画面でをタップします。

2 「フォルダ一覧」画面が表示されます。画面右下の<その他>をタップします。

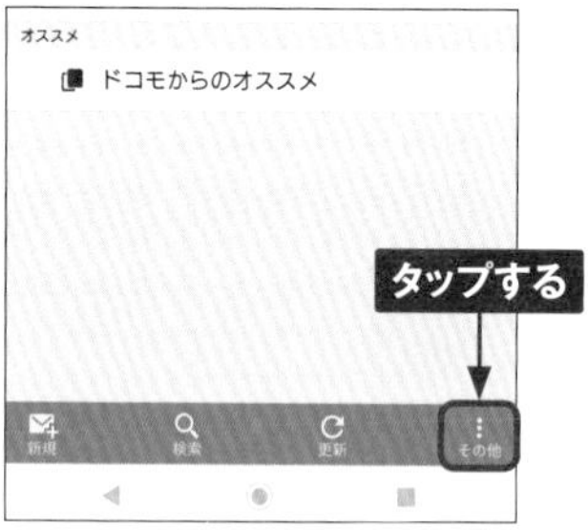

3 <メール設定>をタップします。

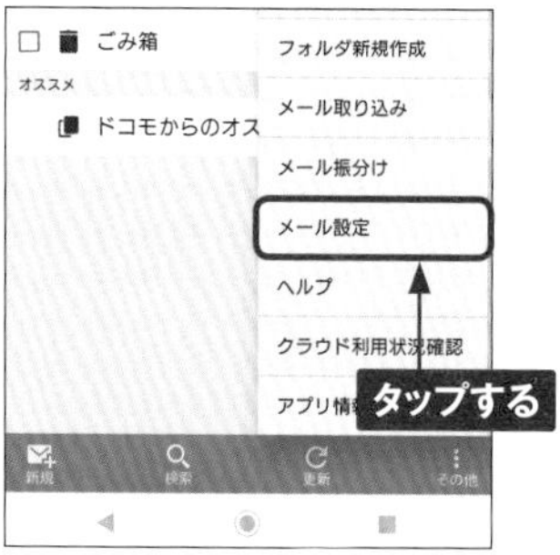

4 <ドコモメール設定サイト>をタップします。

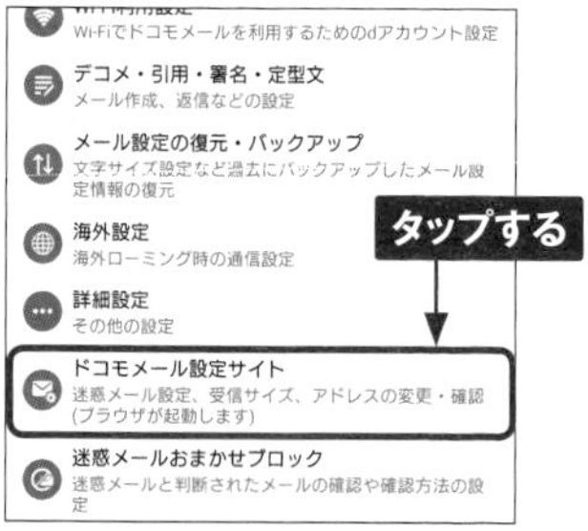

5 「パスワード確認」画面が表示されたら、携帯電話番号を確認して、spモードパスワードを入力し、<spモードパスワード確認>をタップします。

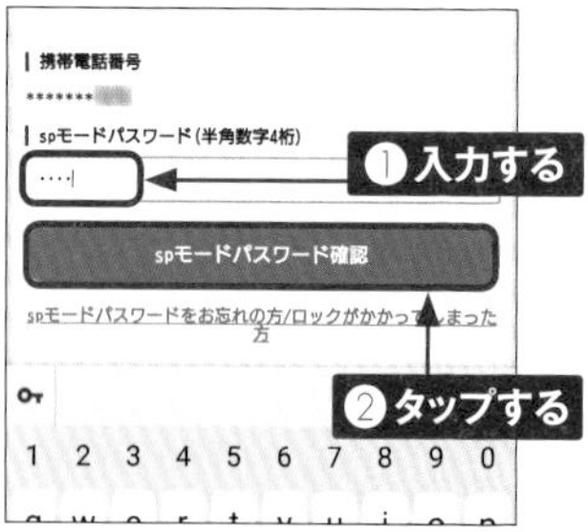

6 「メール設定」画面で画面を上方向にスライドして、<メールアドレスの変更>をタップします。

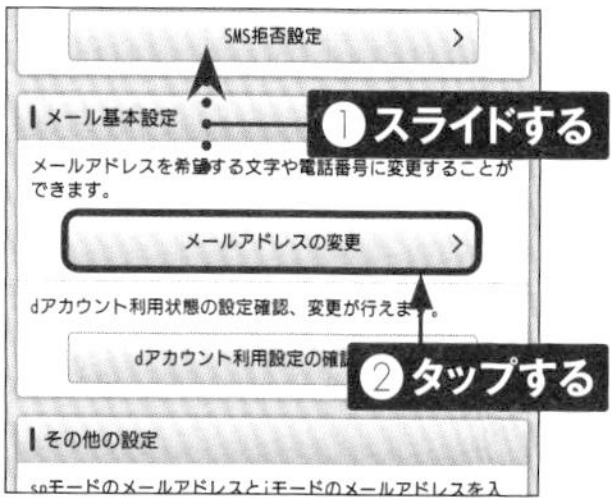

7 画面を上方向にスライドして、メールアドレスの変更方法をタップして選択します。ここでは＜自分で希望するアドレスに変更する＞をタップします。

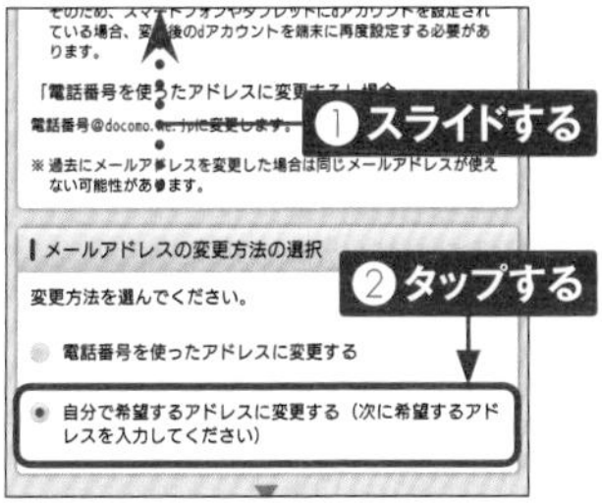

8 画面を上方向にスライドして、希望するメールアドレスを入力し、＜確認する＞をタップします。

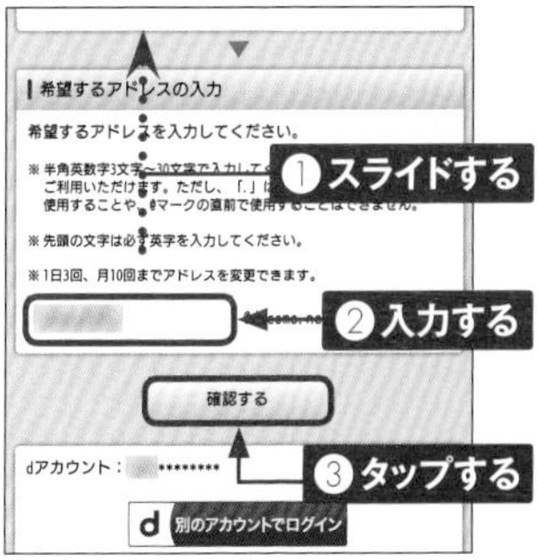

9 ＜設定を確定する＞をタップします。なお、＜修正する＞をタップすると、手順⑧の画面でアドレスを修正して入力できます。

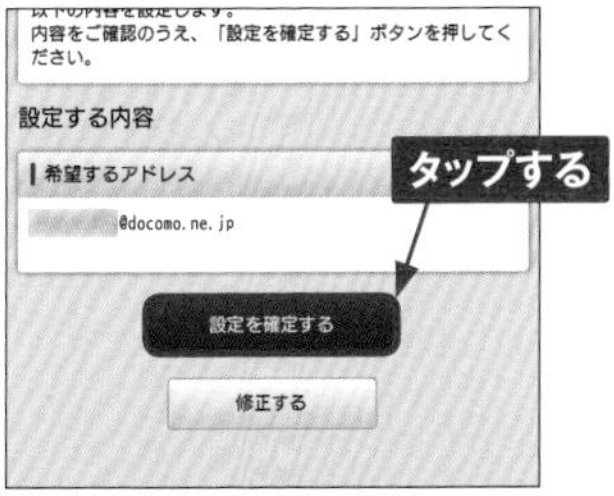

10 メールアドレスが変更されました。◀を何度かタップして、Webページを閉じます。

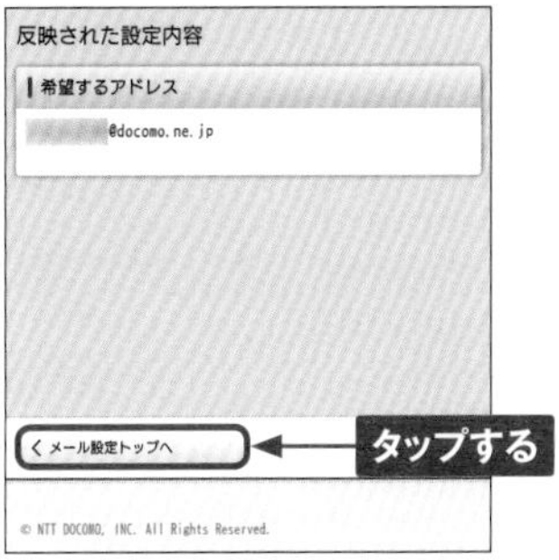

11 P.74手順④の画面に戻るので、＜マイアドレス＞をタップします。

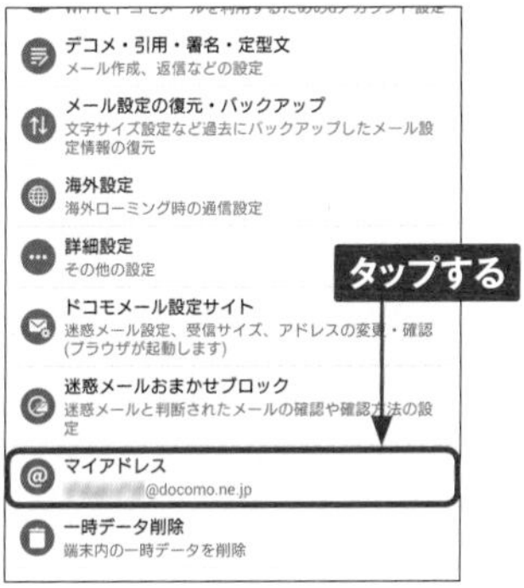

12 「マイアドレス」画面で＜マイアドレス情報を更新＞をタップし、更新が完了したら＜OK＞をタップします。

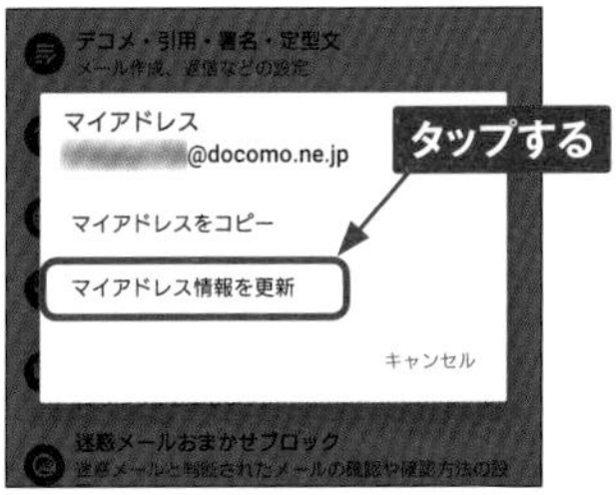

ドコモメールを利用する

P.75で変更したメールアドレスで、ドコモメールを使ってみましょう。ほかの携帯電話とほとんど同じ感覚で、メールの閲覧や返信、新規作成が行えます。

ドコモメールを新規作成する

① ホーム画面で✉をタップします。

② 画面左下の<新規>をタップします。<新規>が表示されないときは、◀を何度かタップします。

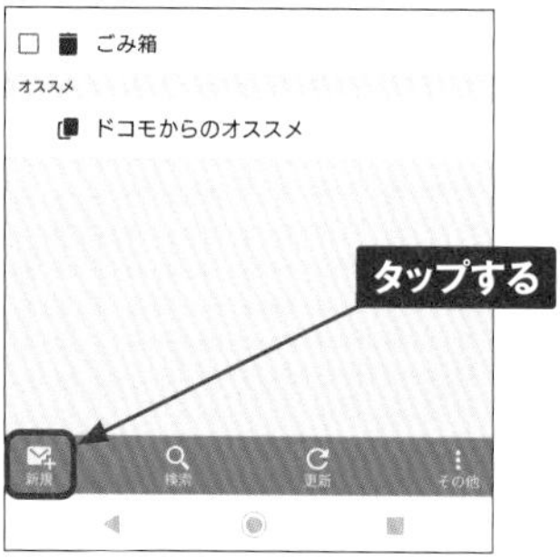

③ 新規メールの「作成」画面が表示されるので、📇をタップします。「To」欄に直接メールアドレスを入力することもできます。

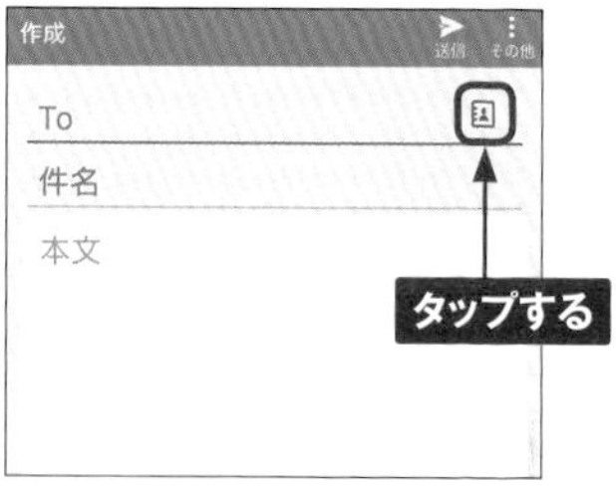

④ 電話帳に登録した連絡先のアドレスが名前順に表示されるので、送信したい宛先をタップしてチェックを付け、<決定>をタップします。履歴から宛先を選ぶこともできます。

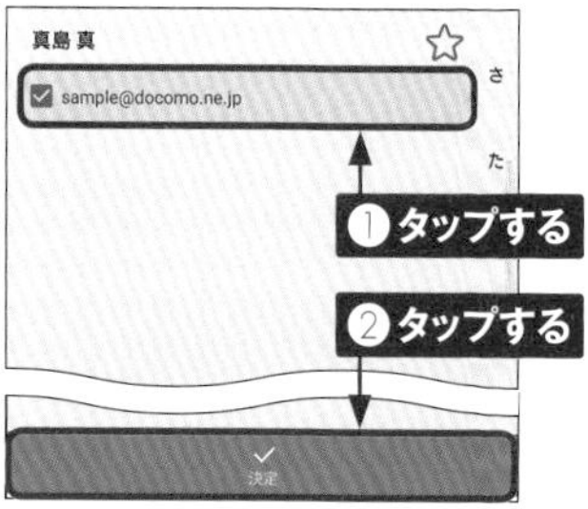

5 「件名」欄をタップして、タイトルを入力し、「本文」欄をタップします。

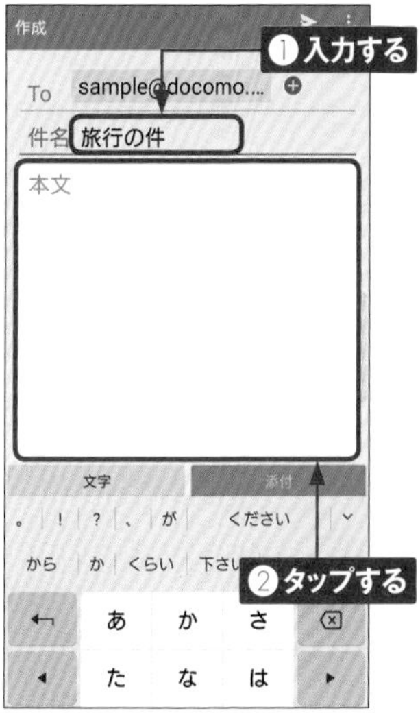

6 メールの本文を入力します。

7 <送信>をタップすると、メールを送信できます。なお、<添付>をタップすると、写真などのファイルを添付できます。

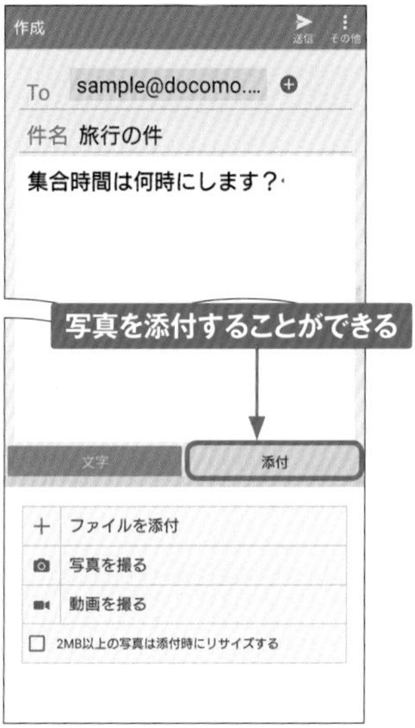

MEMO

文字サイズの変更

ドコモメールでは、メール本文や一覧表示時の文字サイズを変更することができます。P.76手順②で画面右下の<その他>をタップし、<メール設定>→<表示カスタマイズ>→<文字サイズ設定>の順にタップし、好みの文字サイズをタップします。

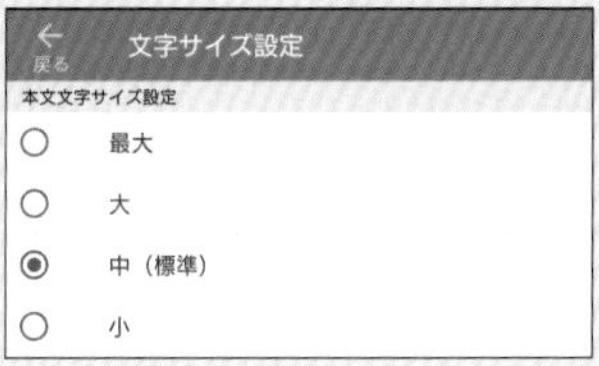

受信したメールを閲覧する

1 メールを受信すると通知が表示されるので、をタップします。

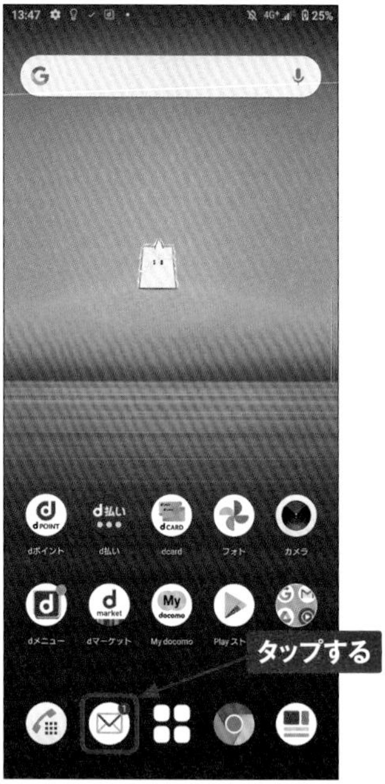

2 「フォルダ一覧」画面が表示されたら、<受信BOX>をタップします。

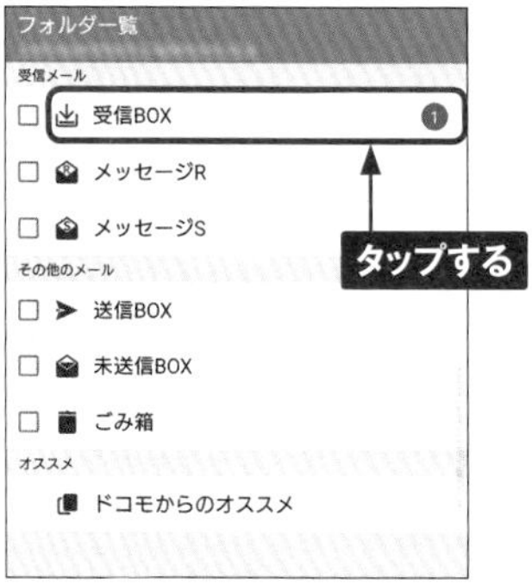

3 受信したメールの一覧が表示されます。内容を閲覧したいメールをタップします。

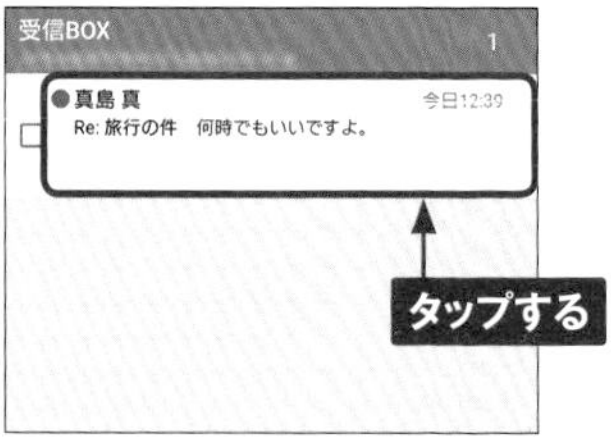

4 メールの内容が表示されます。宛先横のをタップすると、宛先のアドレスと件名が表示されます。

MEMO メールの削除

「受信BOX」画面で削除したいメールの左にある□をタップしてチェックを付け、画面下部のメニューから<削除>をタップすると、メールを削除できます。

受信したメールに返信する

1 P.78を参考に受信したメールを表示し、画面左下の<返信>をタップします。

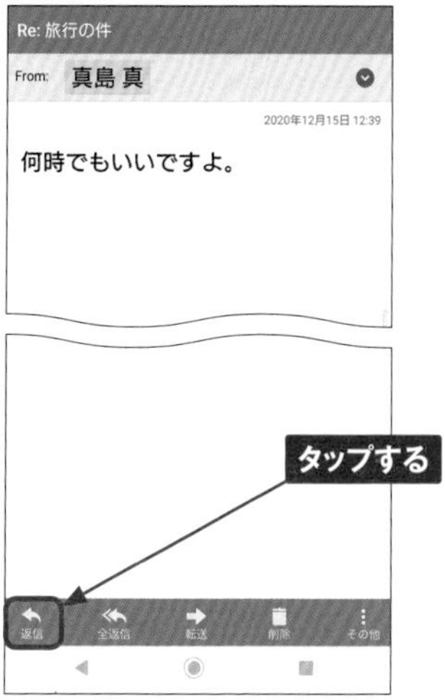

2 「作成」画面が表示されるので、相手に返信する本文を入力します。

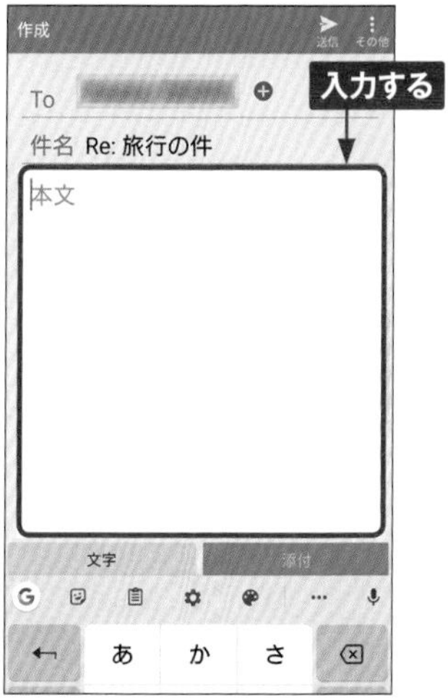

3 <送信>をタップすると、メールの返信が行えます。

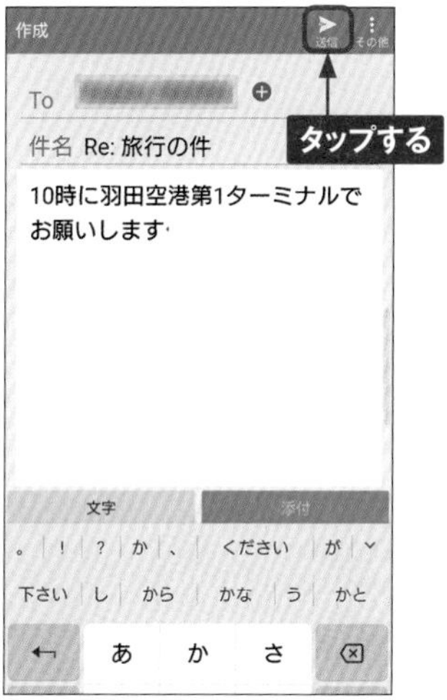

MEMO

フォルダの作成

ドコモメールではフォルダでメールを管理できます。フォルダを作成するには、「フォルダ一覧」画面で画面右下の<その他>→<フォルダ新規作成>の順にタップします。

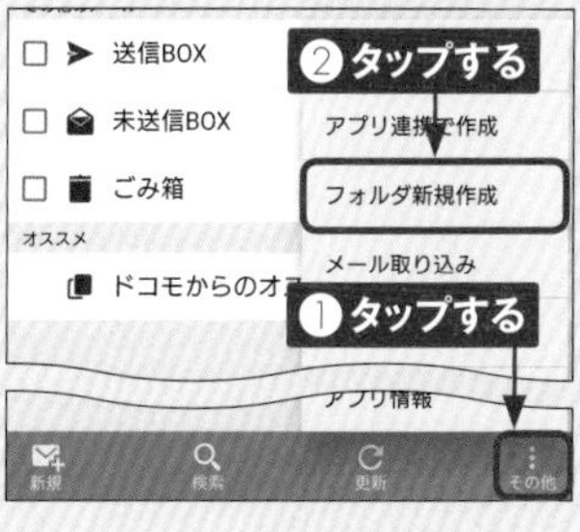

3

Section 26

メールを自動振分けする

ドコモメールは、送受信したメールを自動的に任意のフォルダへ振分けることも可能です。ここでは、振分けのルールの作成手順を解説します。

振分けルールを作成する

① 「フォルダ一覧」画面で画面右下の<その他>をタップし、<メール振分け>をタップします。

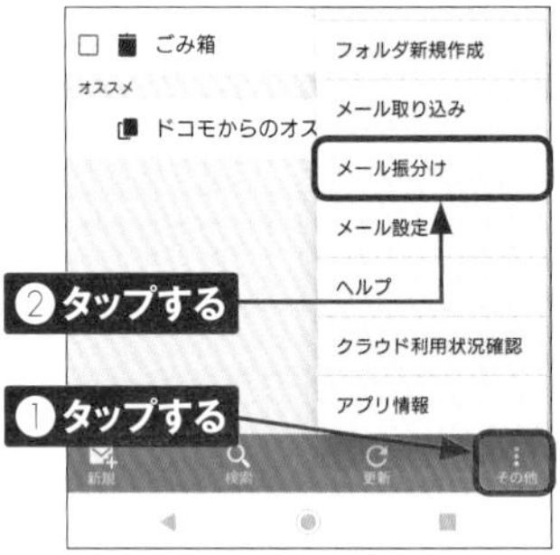

② 「振分けルール」画面が表示されるので、<新規ルール>をタップします。

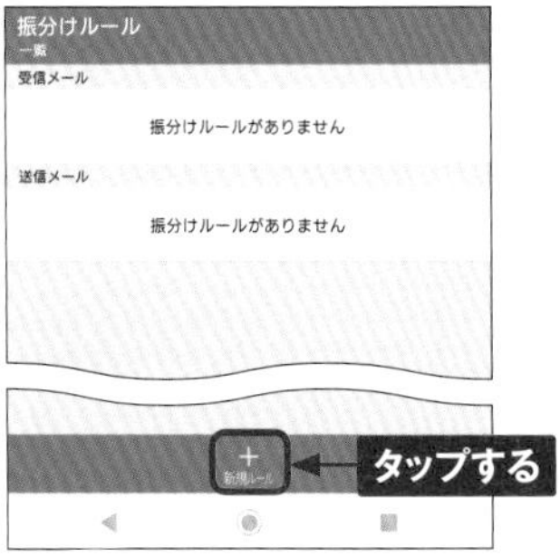

③ <受信メール>または<送信メール>(ここでは<受信メール>)をタップします。

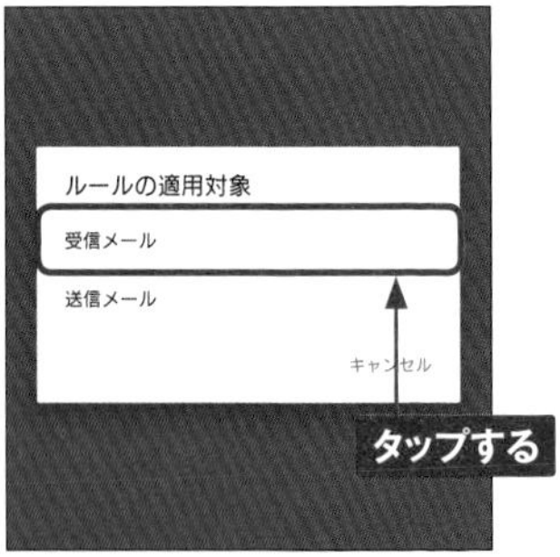

MEMO 振分けルールの作成

ここでは、「『件名』に『重要』というキーワードが含まれるメールを受信したら、自動的に『重要』フォルダに移動させる」という振分けルールを作成しています。なお、手順③で<送信メール>をタップすると、送信したメールの振分けルールを作成できます。

④ 「振分け条件」の<新しい条件を追加する>をタップします。

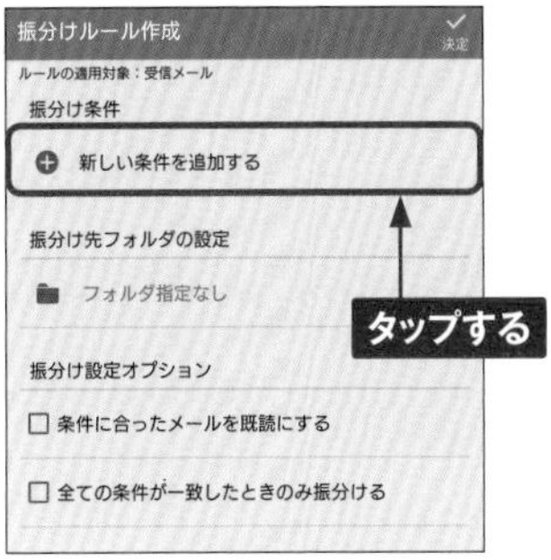

⑤ 振分けの条件を設定します。「対象項目」のいずれか（ここでは、<件名で振り分ける>）をタップします。

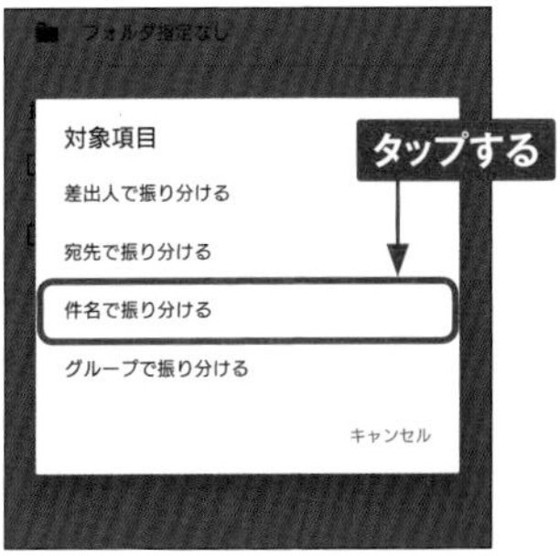

⑥ 任意のキーワード（ここでは「重要」）を入力して、<決定>をタップします。

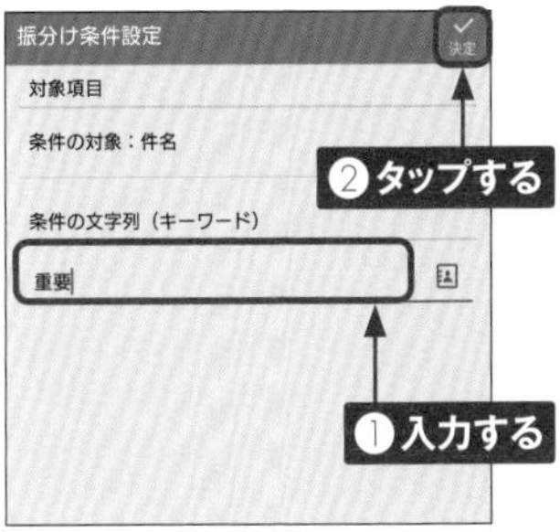

⑦ 手順④の画面に戻るので<フォルダ指定なし>をタップし、<振分け先フォルダを作る>をタップします。

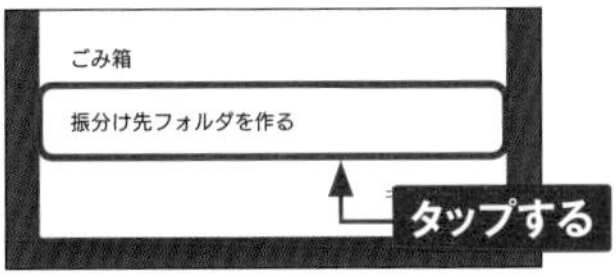

⑧ フォルダ名を入力し、<決定>をタップします。「確認」画面が表示されたら、<OK>をタップします。

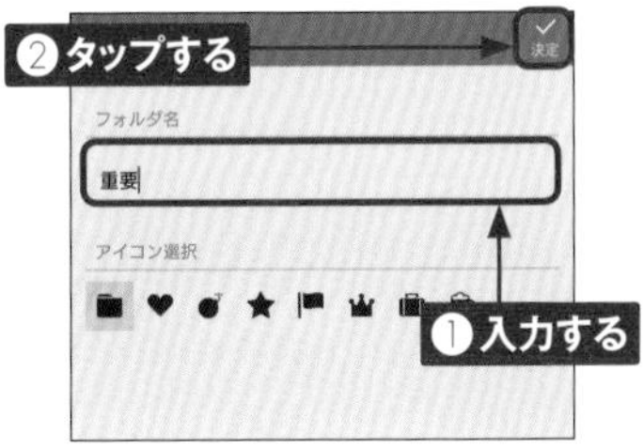

⑨ <決定>をタップします。「振分け」画面が表示されたら、<はい>をタップします。

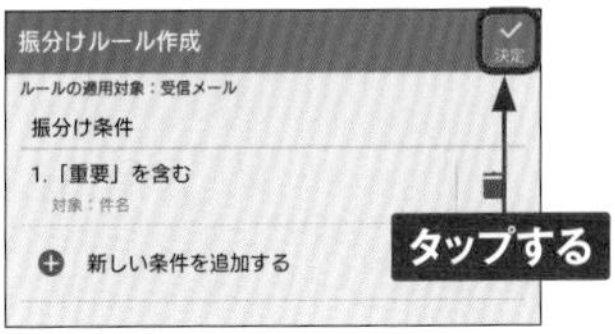

⑩ 振分けルールが新規登録されます。

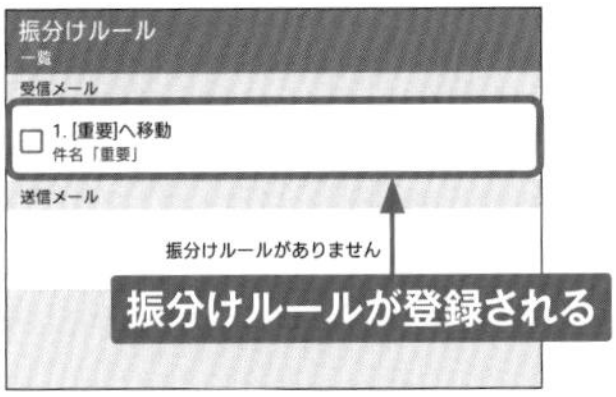

迷惑メールを防ぐ

ドコモメールでは、受信したくないメールを、ドメインやアドレス別に細かく設定することができます。スパムメールなどの受信を拒否したい場合などに設定しておきましょう。

迷惑メールフィルターを設定する

① Sec.70を参考にあらかじめWi-Fiをオフにしておきます。ホーム画面でをタップします。

② 「フォルダ一覧」画面で画面右下の<その他>をタップし、<メール設定>をタップします。

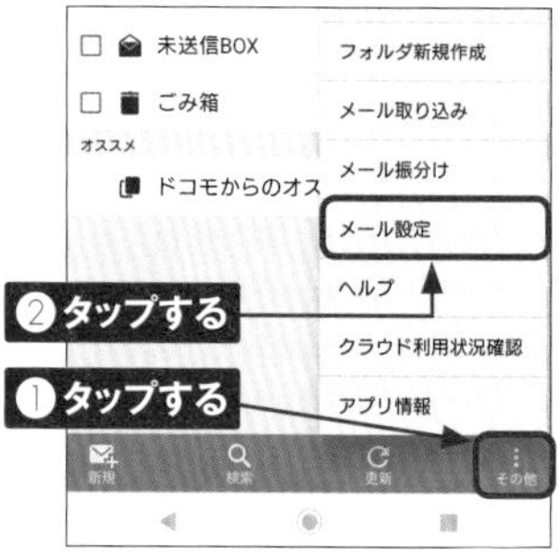

③ <ドコモメール設定サイト>をタップします。

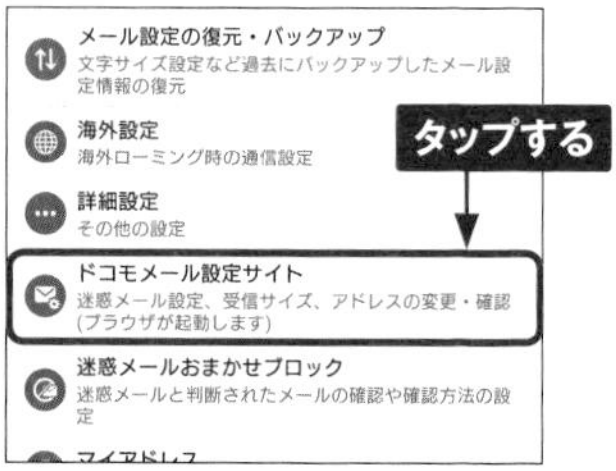

MEMO 迷惑メールおまかせブロックとは

ドコモでは、迷惑メールフィルターの設定のほかに、迷惑メールを自動で判定してブロックする「迷惑メールおまかせブロック」という、より強力な迷惑メール対策サービスがあります。月額利用料金は200円ですが、これは「あんしんセキュリティ」の料金なので、同サービスを契約していれば、「迷惑メールおまかせブロック」も追加料金不要で利用できます。

④ 「パスワード確認」画面が表示されたら、spモードパスワードを入力して、＜spモードパスワード確認＞をタップします。

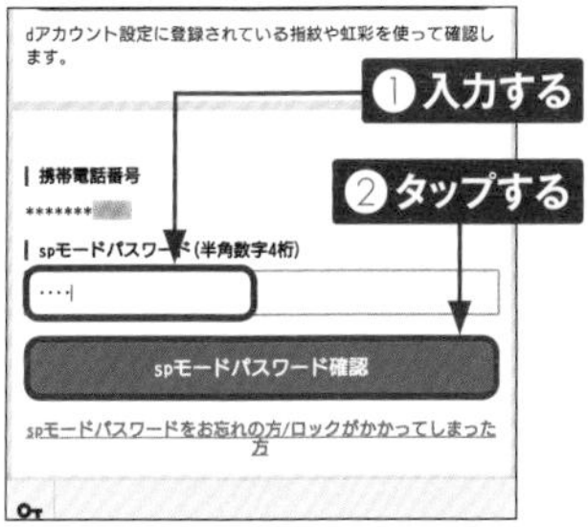

⑤ 「メール設定」画面で、「利用シーンに合わせた設定」欄の＜拒否リスト設定＞をタップします。

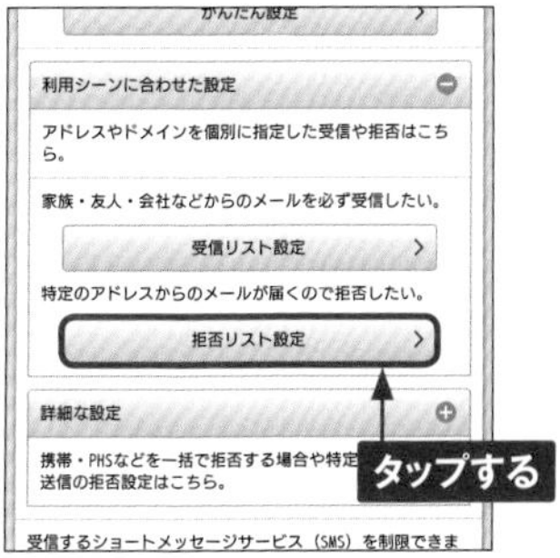

⑥ 「拒否リスト設定」の＜設定を利用する＞をタップして上方向にスライドします。

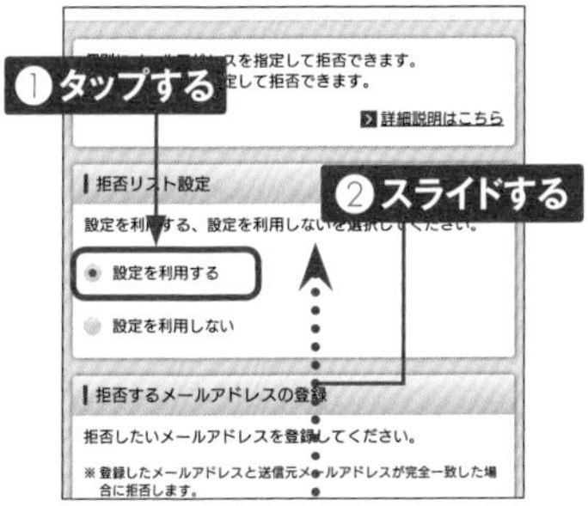

⑦ 「拒否するメールアドレスの登録」の＜さらに追加する＞をタップして、拒否したいメールアドレスを入力し、上方向にスライドします。

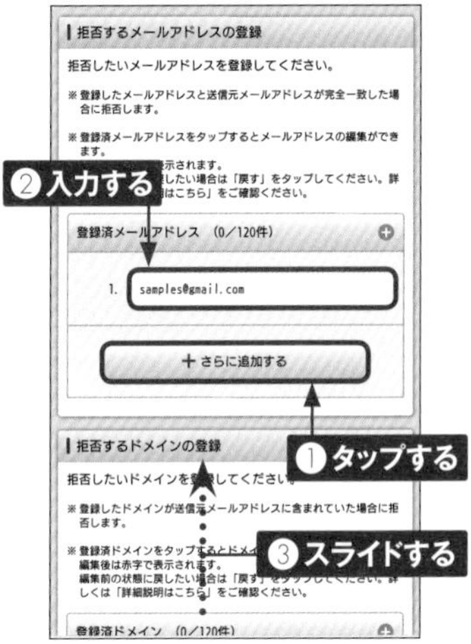

⑧ 「拒否するドメインの登録」の＜さらに追加する＞をタップして、受信を拒否したいドメインを追加し、＜確認する＞→＜設定を確定する＞の順にタップすると、設定が完了します。

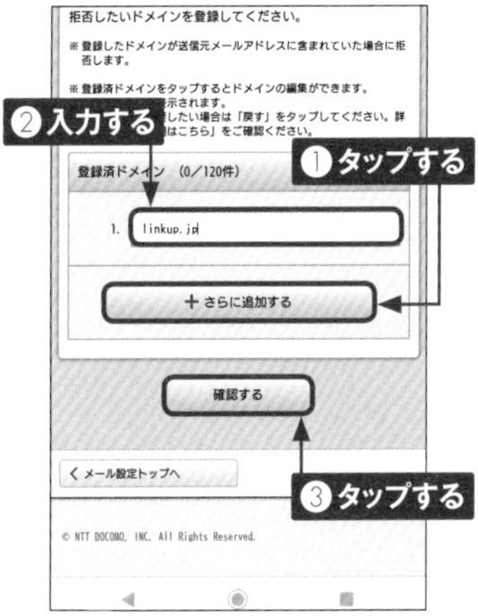

Section 28

+メッセージを利用する

「+メッセージ」アプリでは、携帯電話番号を宛先にして、テキストや写真などを送信できます。「+メッセージ」アプリを使用していない相手の場合は、SMSでやり取りが可能です。

+メッセージとは

Xperia 5 IIでは、「+メッセージ」アプリで+メッセージとSMSが利用できます。+メッセージでは文字が全角2,730文字、そのほかに100MBまでの写真や動画、スタンプ、音声メッセージをやり取りでき、グループメッセージや現在地の送受信機能もあります。パケットを使用するため、パケット定額のコースを契約していれば、とくに料金は発生しません。なお、SMSではテキストメッセージしか送れず、別途送信料もかかります。
また、+メッセージは、相手も+メッセージを利用している場合のみ利用できます。SMSと+メッセージどちらが利用できるかは自動的に判別されますが、画面の表示からも判断することができます（下図参照）。

「+メッセージ」アプリで表示される連絡先の相手画面です。+メッセージを利用している相手には、が表示されます。プロフィールアイコンが設定されている場合は、アイコンが表示されます。

相手が+メッセージを利用していない場合は、メッセージ画面の名前欄とメッセージ欄に「SMS」と表示されます（上図）。+メッセージを利用している相手の場合は、何も表示されません（下図）。

+メッセージを利用できるようにする

1 ホーム画面を左方向にスワイプし、<+メッセージ>をタップします。初回起動時は、+メッセージについての説明が表示されるので、内容を確認して、<次へ>をタップしていきます。

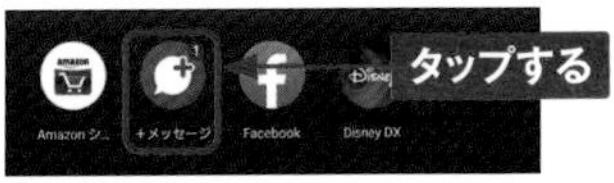

2 アクセス権限のメッセージが表示されたら、<次へ>→<許可>の順にタップします。

3 利用条件に関する画面が表示されたら、内容を確認して、<すべて同意する>をタップします。

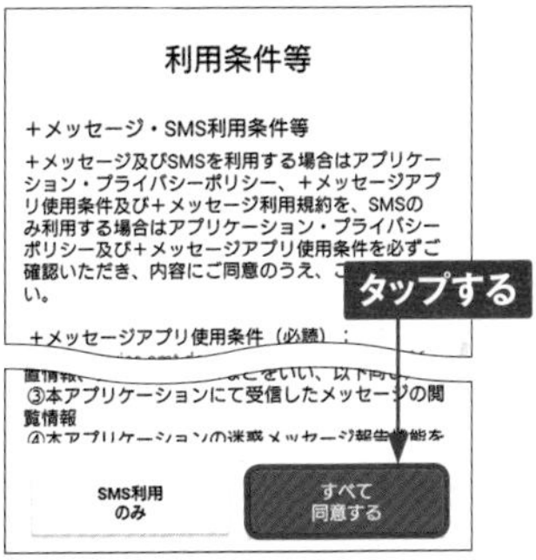

4 「+メッセージ」アプリについての説明が表示されたら、左方向にスワイプしながら、内容を確認します。

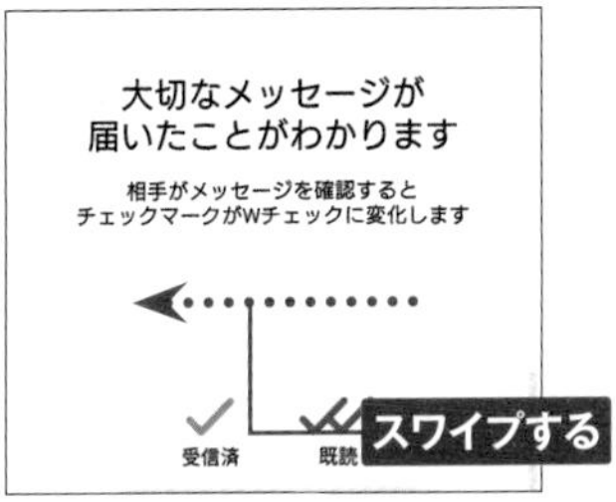

5 「プロフィール（任意）」画面が表示されます。名前などを入力し、<OK>をタップします。プロフィールは、設定しなくてもかまいません。

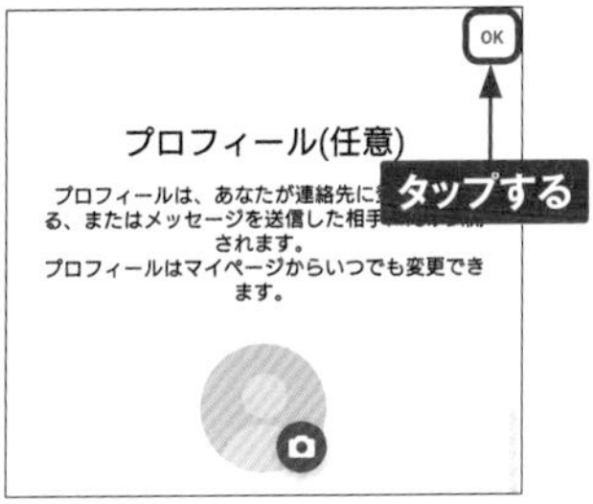

6 「+メッセージ」アプリが起動します。

3

メッセージを送信する

① P.85手順①を参考にして、「+メッセージ」アプリを起動します。新規にメッセージを作成する場合はをタップして、をタップします。

② <新しいメッセージ>をタップします。

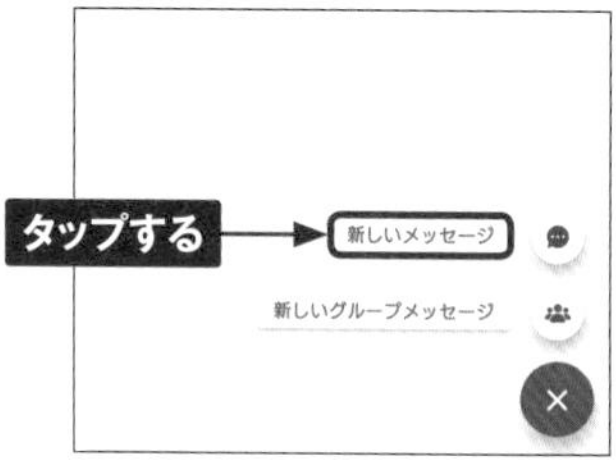

③ 「新しいメッセージ」画面が表示されます。メッセージを送りたい相手をタップします。「名前や電話番号を入力」をタップし、電話番号を入力して、送信先を設定することもできます。

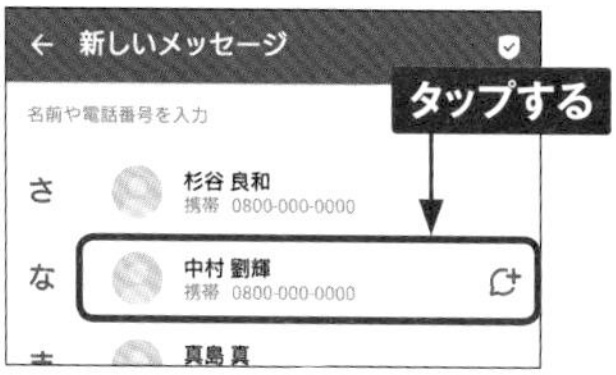

④ <メッセージを入力>をタップして、メッセージを入力し、をタップします。

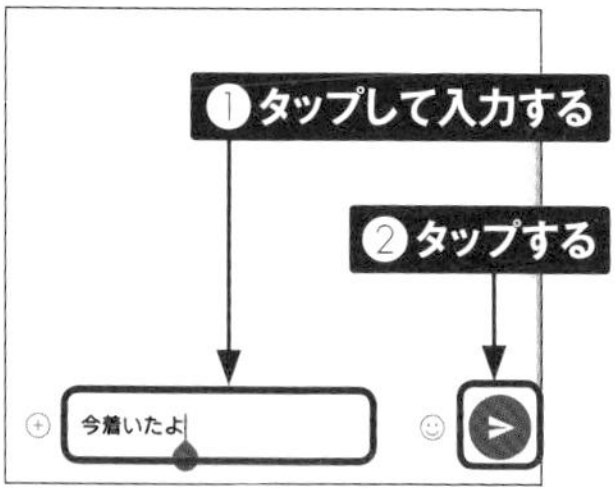

⑤ メッセージが送信され、画面の右側に表示されます。

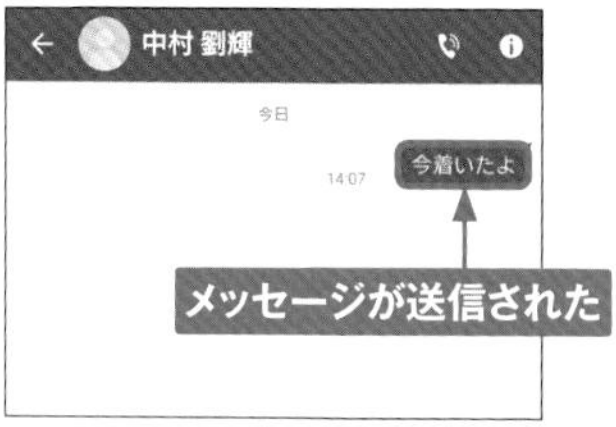

MEMO 写真やスタンプの送信

「+メッセージ」アプリでは、写真やスタンプを送信することもできます。写真を送信したい場合は、手順④の画面で→の順にタップして、送信したい写真をタップして選択し、をタップします。スタンプを送信したい場合は、手順④の画面でをタップして、送信したいスタンプをタップして選択し、をタップします。

メッセージを返信する

① メッセージが届くと、ステータスバーにも受信のお知らせが表示されます。ステータスバーを下方向にドラッグします。

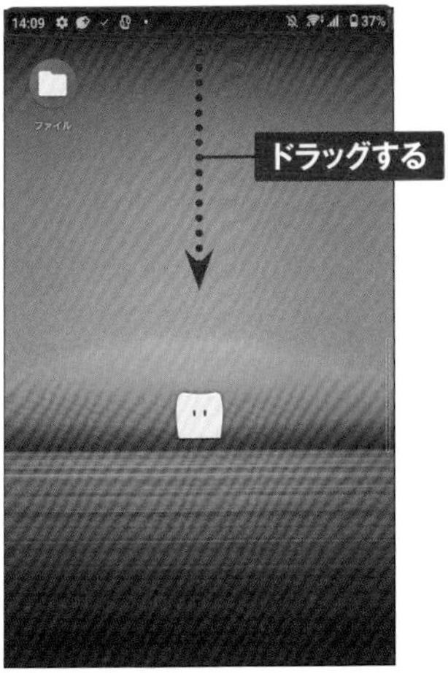

② 通知パネルに表示されているメッセージの通知をタップします。

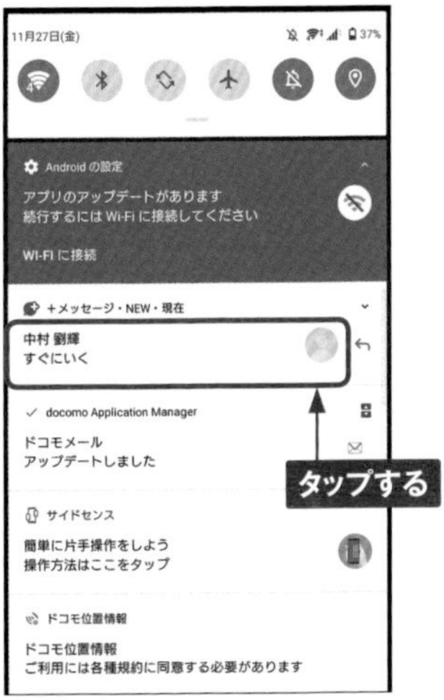

③ 受信したメッセージが画面の左側に表示されます。メッセージを入力して、▶をタップすると、相手に返信できます。

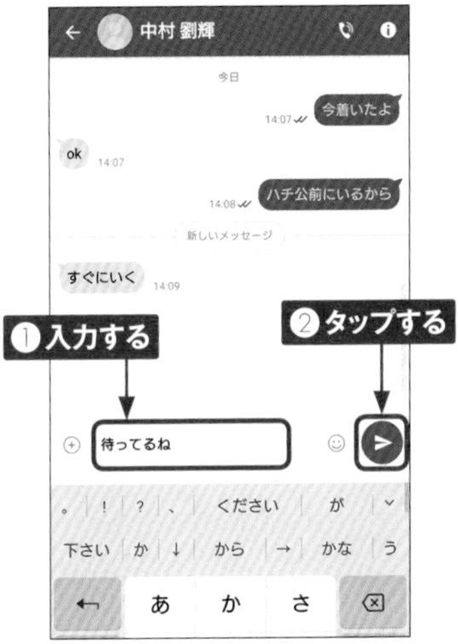

MEMO 「メッセージ」画面からのメッセージ送信

「+メッセージ」アプリで相手とやり取りすると、「メッセージ」画面にやり取りした相手が表示されます。以降は、「メッセージ」画面から相手をタップすることで、メッセージの送信が行えます。

Section 29

Gmailを利用する

本体にGoogleアカウントを登録しておけば（Sec.12参照）、すぐにGmailを利用することができます。パソコンでラベルや振分け設定を行うことで、より便利に利用できます。

受信したメールを閲覧する

1 ホーム画面で＜Google＞をタップし、＜Gmail＞をタップします。「Gmailの新機能」画面が表示された場合は、＜OK＞→＜GMAILに移動＞の順にタップします。

2 「メイン」画面が表示されます。画面を上方向にスライドして、読みたいメールをタップします。

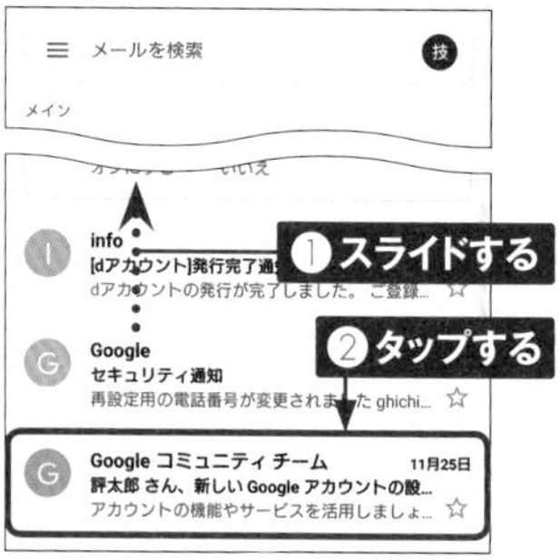

3 メールの差出人やメール受信日時、メール内容が表示されます。画面左上の←をタップすると、受信トレイに戻ります。なお、↩をタップすると、返信することもできます。

MEMO Googleアカウントの同期

Gmailを使用する前に、Sec.12の方法であらかじめ本体に自分のGoogleアカウントを設定しましょう。P.39手順⑮の画面で「Gmail」をオンにしておくと、Gmailも自動的に同期されます。すでにGmailを使用している場合は、受信トレイの内容がそのまま表示されます。

メールを送信する

① P.88を参考に「メイン」などの画面を表示して、+をタップします。

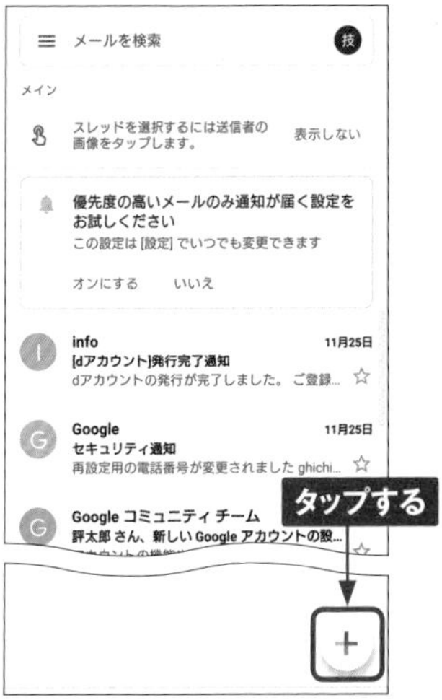

② メールの「作成」画面が表示されます。<To>をタップして、メールアドレスを入力します。「連絡先」アプリ内の連絡先であれば、表示される候補をタップします。

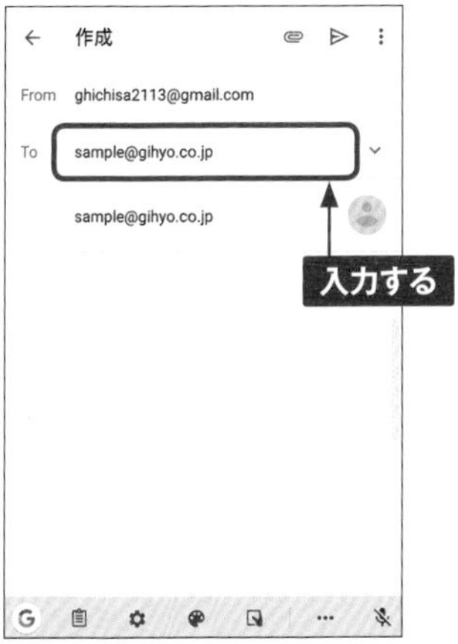

③ 件名とメールの内容を入力し、▷をタップすると、メールが送信されます。

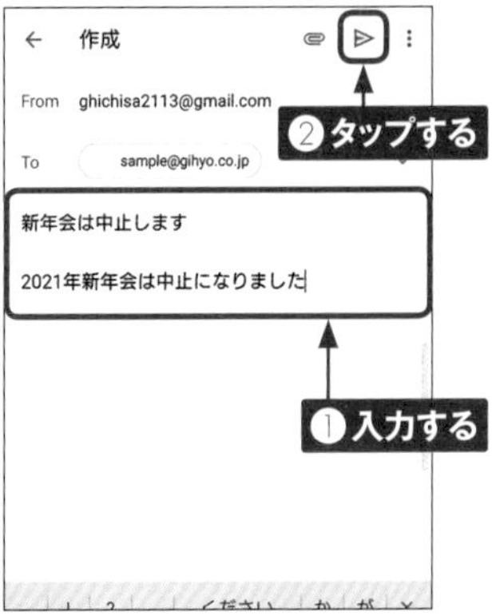

MEMO

メニューの表示

「Gmail」の画面を左端から右方向にフリックすると、メニューが表示されます。メニューでは、「メイン」以外のカテゴリやラベルを表示したり、送信済みメールを表示したりできます。なお、ラベルの作成や振分け設定は、パソコンのWebブラウザで「https://mail.google.com/」にアクセスして行います。

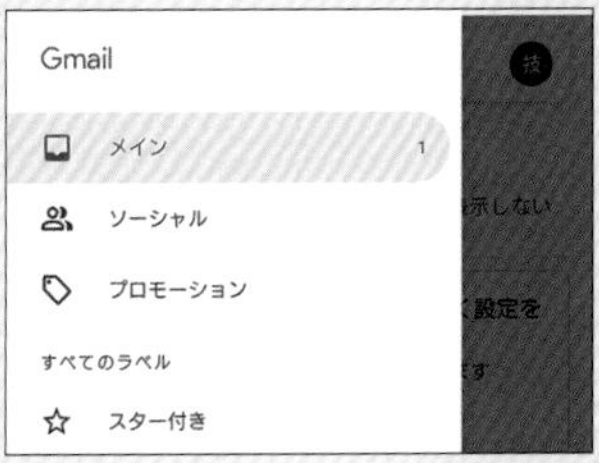

Section 30

Yahoo!メール・PCメールを設定する

「Gmail」アプリを利用すれば、パソコンで使用しているメールを送受信することができます。ここでは、Yahoo!メールの設定方法と、PCメールの追加方法を解説します。

Yahoo!メールを設定する

1 あらかじめYahoo!メールのアカウント情報を準備しておきます。「Gmail」アプリの画面で画面左端から右方向にフリックし、<設定>をタップします。

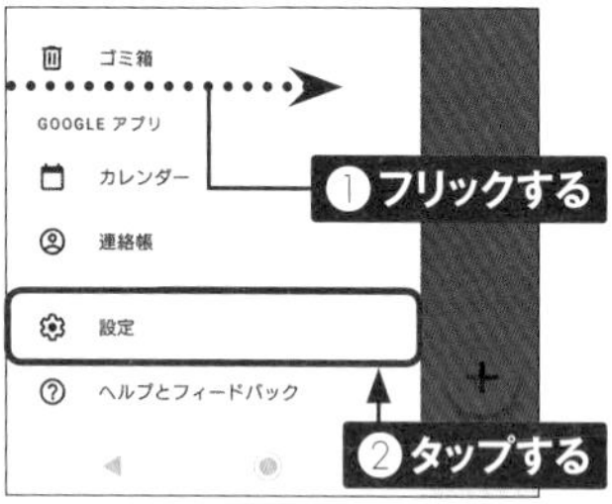

2 <アカウントを追加する>をタップします。

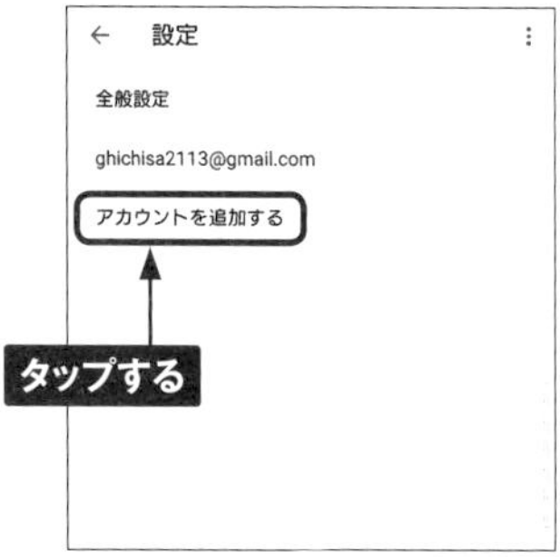

3 <Yahoo>をタップします。

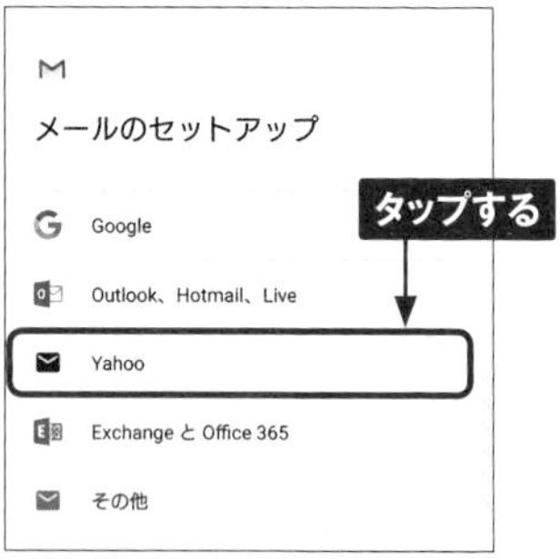

4 Yahoo!メールのメールアドレスを入力して、<次へ>をタップし、画面の指示に従って設定します。

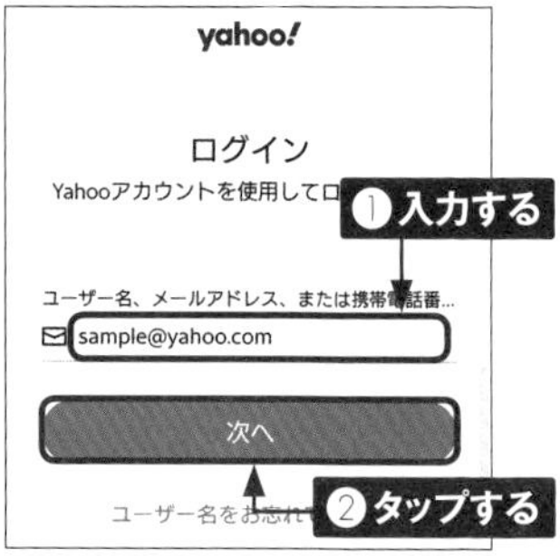

PCメールを設定する

1 P.90手順③の画面で<その他>をタップします。

2 PCメールのメールアドレスを入力して、<次へ>をタップします。

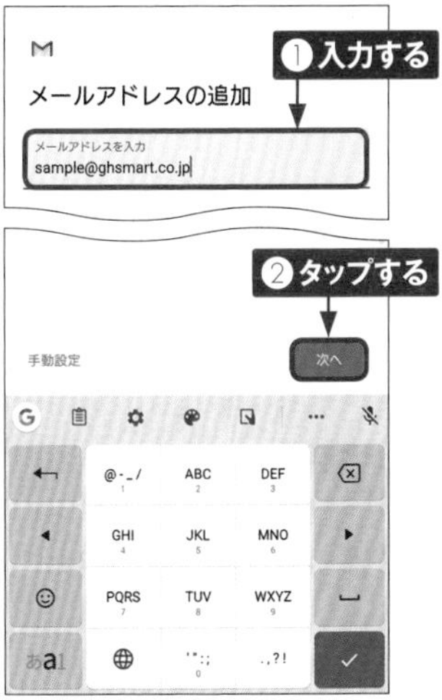

3 アカウントの種類を選択します。ここでは、<個人用（POP3）>をタップします。

4 パスワードを入力して、<次へ>をタップします。

5 受信サーバーを入力して、<次へ>をタップします。

6 送信サーバーを入力して、<次へ>をタップします。

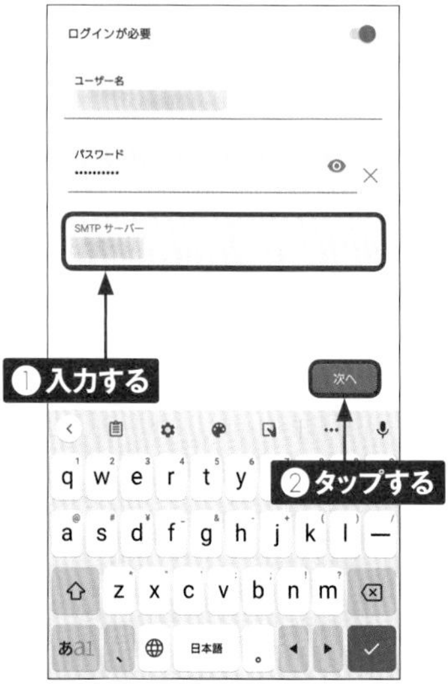

7 「アカウントのオプション」画面が設定されます。<次へ>をタップします。

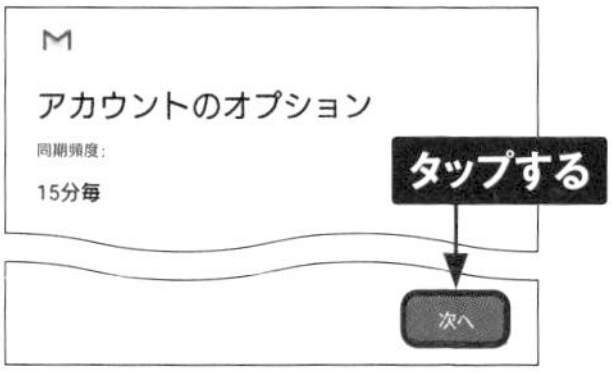

8 アカウントの設定が完了します。<次へ>をタップすると、P.90手順②の画面に戻ります。

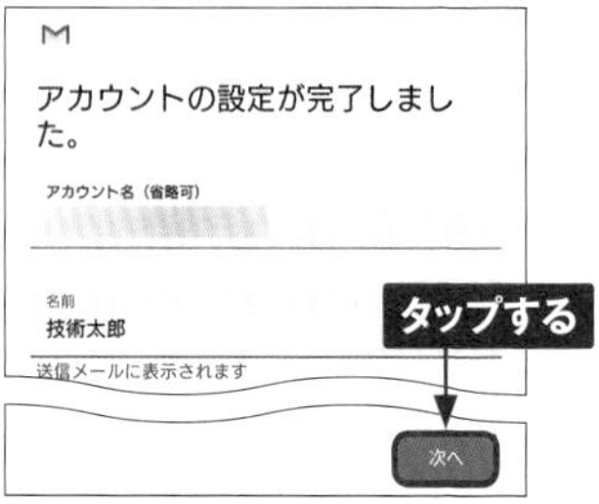

MEMO アカウントの表示切り替え

設定したアカウントに表示を切り替えるには、「メイン」画面で右上のアイコンをタップし、表示したいアカウントをタップします。

Chapter 4

Googleのサービスを使いこなす

Google Playでアプリを検索する

Google Playに公開されているアプリをインストールすることで、さまざまな機能を利用することができます。まずは、目的のアプリを探す方法を解説します。

アプリを検索する

① Google Playを利用するには、ホーム画面で<Playストア>をタップします。

② 「Playストア」アプリが起動するので、<アプリ>をタップし、<カテゴリ>をタップします。

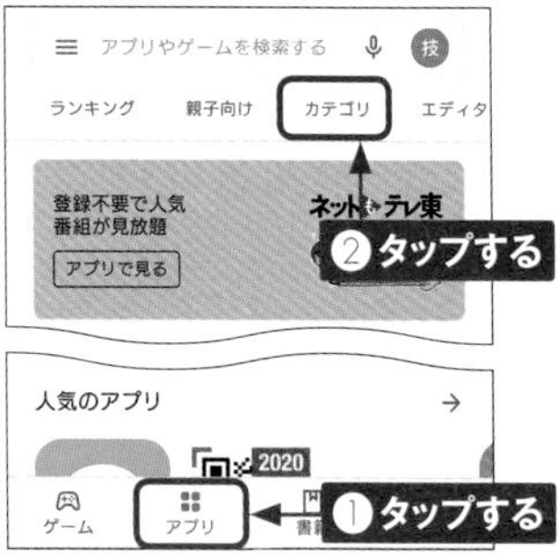

③ アプリのカテゴリが表示されます。画面を上下にスライドします。

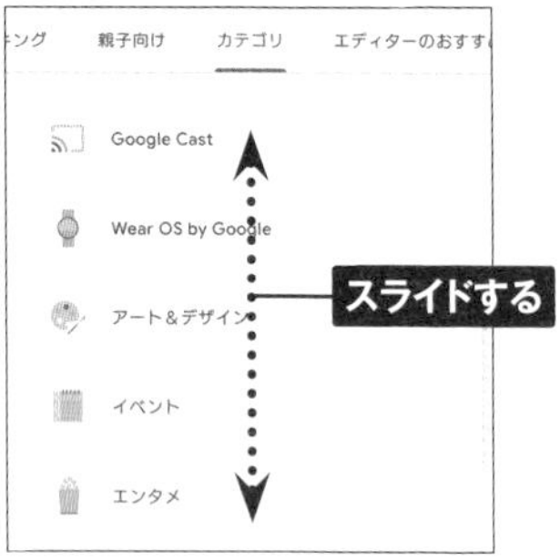

④ 見たいジャンル（ここでは<カスタマイズ>）をタップします。

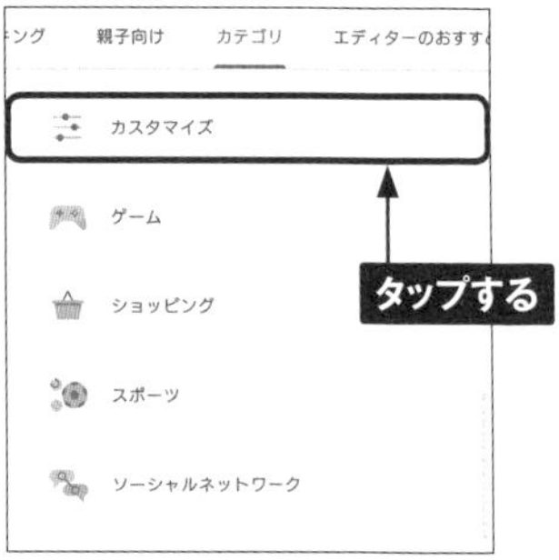

5 「カスタマイズ」のアプリが表示されます。上方向にスライドし、「人気ランキング」の→をタップします。

6 「無料」のアプリが一覧で表示されます。詳細を確認したいアプリをタップします。なお、画面を左方向にフリックするごとに、「急上昇」「売上トップ」「有料トップ」のアプリが表示されます。

7 アプリの詳細な情報が表示されます。人気のアプリでは、ユーザーレビューも読めます。

MEMO キーワードでの検索

Google Playでは、キーワードからアプリを検索できます。検索機能を利用するには、P.94手順②の画面で画面上部の検索ボックスをタップしてキーワードを入力し、キーボードの🔍をタップします。

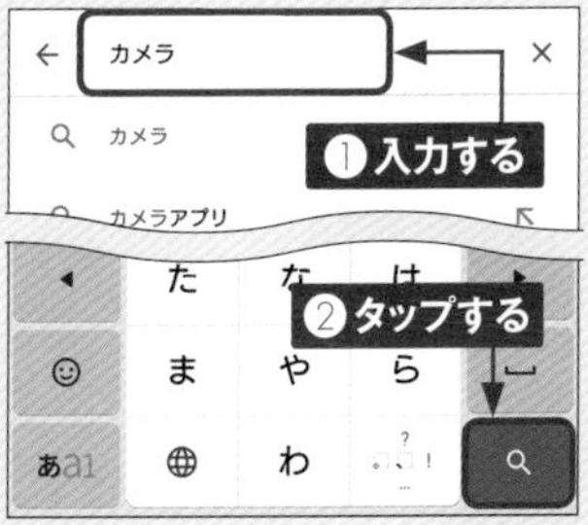

Section 32

アプリをインストール・アンインストールする

Google Playで目的の無料アプリを見つけたら、インストールしてみましょう。なお、不要になったアプリは、Google Playからアンインストール（削除）できます。

アプリをインストールする

1 Google Playでアプリの詳細画面を表示し（P.95手順⑥～⑦参照）、＜インストール＞をタップします。

2 初回は「アカウント設定の完了」画面が表示されるので、＜次へ＞をタップします。支払い方法の選択では＜スキップ＞をタップします。

3 アプリのダウンロードとインストールが開始されます。

4 アプリのインストールが完了します。アプリを起動するには、＜開く＞をタップするか、ホーム画面に追加されたアイコンをタップします。

MEMO

アプリの自動更新を停止する

初期設定では、Wi-Fi接続時にアプリが自動更新されるようになっています。自動更新しないように設定するには、P.97左側の手順①の画面で＜設定＞→＜アプリの自動更新＞の順にタップし、＜アプリを自動更新しない＞をタップします。

アプリをアップデート（更新）／アンインストールする

●アップデート（更新）する

1 「Google Play」画面の左端から中央に向けてフリックし、表示されるメニューの＜マイアプリ&ゲーム＞をタップします。

2 アップデート可能なアプリがある場合、「アップデート保留中」に一覧が表示されます。＜すべて更新＞をタップすると、アプリが一括でアップデートされます。

●アンインストールする

1 「マイアプリ&ゲーム」画面で＜インストール済み＞をタップし、アンインストールしたいアプリをタップします。

2 アプリの詳細が表示されます。＜アンインストール＞をタップし、＜OK＞をタップするとアンインストールされます。このとき、削除理由のアンケートが表示される場合があります。

MEMO ドコモのアプリのアップデートとアンインストール

NTTドコモで提供されているアプリは、上記の方法ではアップデートやアンインストールが行えないことがあります。その場合は、P.113を参照してください。

Section 33

有料アプリを購入する

有料アプリを購入する場合、「NTTドコモの決済」「クレジットカード」「Google Playギフトカード」などの支払い方法が選べます。ここでは、クレジットカードを登録する方法を解説します。

クレジットカードで有料アプリを購入する

① 有料アプリの画面を表示します。

② アプリの価格が表示されたボタンをタップし、＜同意する＞をタップします。

③ ＜カードを追加＞をタップし、必要な情報を入力します。

MEMO Google Play ギフトカードとは

コンビニなどで販売されている「Google Playギフトカード」を利用すると、プリペイド方式でアプリを購入することができます。クレジットカードを登録したくないときに便利です。利用するには、手順③で＜コードの利用＞をタップします。

④ クレジットカードの情報が登録されます。

⑤ <購入>をタップします。

⑥ パスワードを入力し、<確認>をタップします。

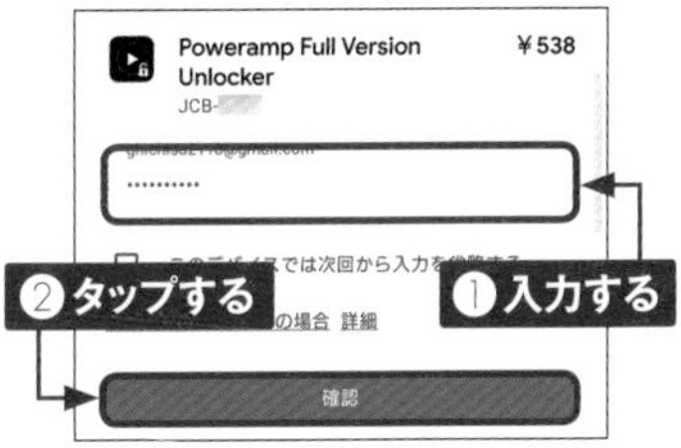

⑦ 認証の確認画面が表示された場合は、<要求しない>または<常に要求する>→<OK>の順にタップします。<OK>をタップすると、ダウンロードとインストールが開始されます。

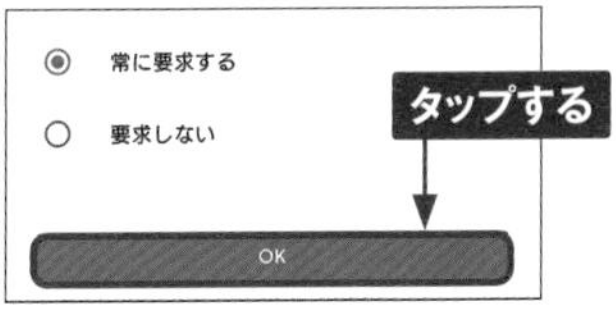

MEMO

購入したアプリの払い戻し

有料アプリは、購入してから2時間以内であれば、返品して全額払い戻しを受けることができます。返品するには、P.97右側を参考に購入したアプリの詳細画面を表示し、<払い戻し>をタップして、次の画面で<はい>をタップします。なお、払い戻しできるのは、1つのアプリにつき1回だけです。

Section 34

Googleマップを使いこなす

Googleマップを利用すれば、自分の今いる場所や、現在地から目的地までの道順を地図上に表示できます。なお、Googleマップのバージョンによっては、本書と表示内容が異なる場合があります。

「マップ」アプリを利用する準備を行う

1 P.20を参考に「設定」アプリを起動して、<位置情報>をタップします。

2 「位置情報の使用」がの場合はタップしてにします。位置情報についての同意画面が表示されたら、<同意する>をタップします。

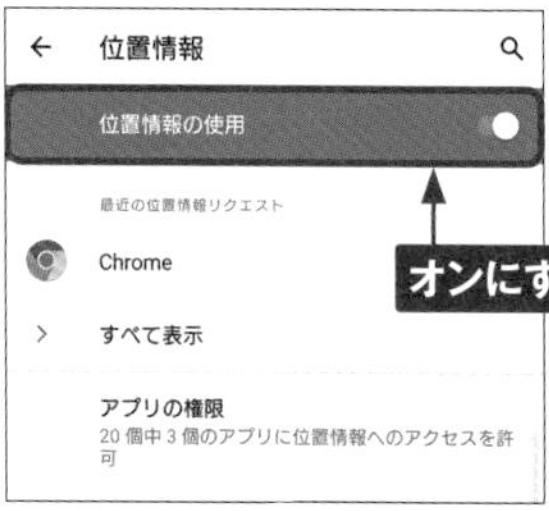

3 に切り替わったら、<詳細設定>→<Googleロケーション履歴>の順にタップします。

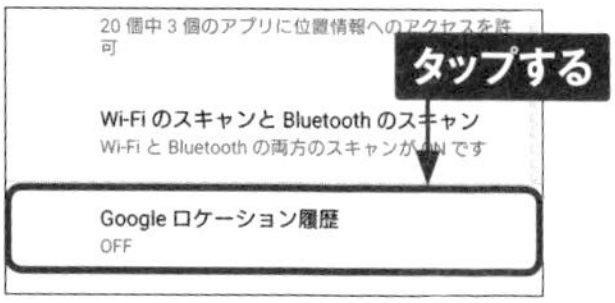

4 「ロケーション履歴」がの場合はタップして、<有効にする>をタップします。

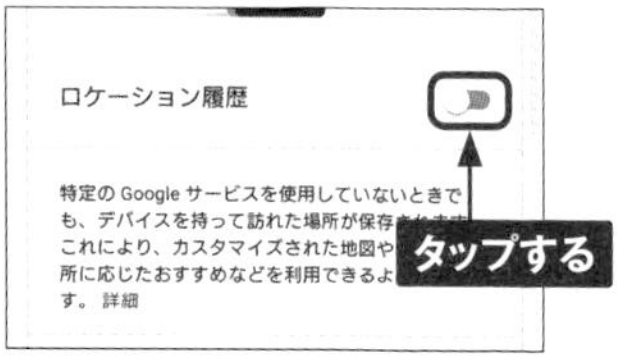

5 表示がに切り替わったら、「マップ」アプリを使用する準備は完了です。

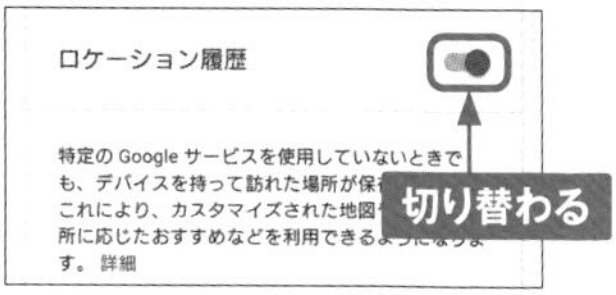

現在地を表示する

1 ホーム画面で<Google>をタップし、フォルダ内の<マップ>をタップします。

2 「マップ」アプリが起動します。

3 地図の拡大はピンチアウト、縮小はピンチインで行います。スライドすると表示位置を移動できます。

4 をタップすると、現在地が表示されます。

MEMO 位置情報の精度を変更

P.100手順③の画面で<Google位置情報の精度>をタップすると、「位置情報の精度を改善」で、位置情報の精度を変更ができます。にすると、収集された位置情報を活用することで、位置情報の精度を改善することができます。

目的地までのルートを検索する

1 P.101手順④の画面で＜経路＞をタップし、移動手段（ここでは🚆）をタップして、＜目的地を入力＞をタップします。出発地を現在地から変えたい場合は、＜現在地＞をタップして変更します。

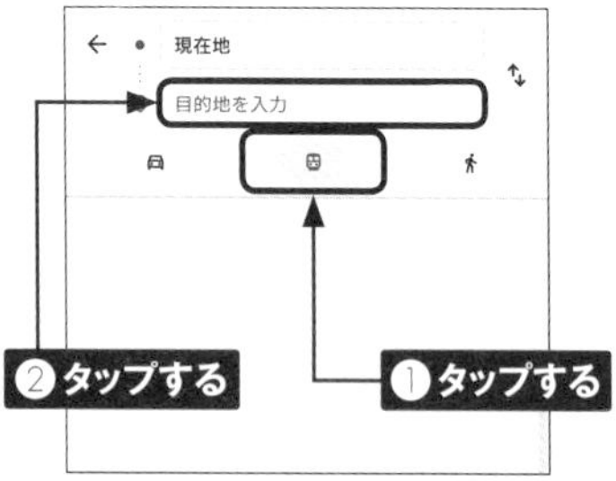

2 目的地を入力し、検索結果の候補から目的の場所をタップします。

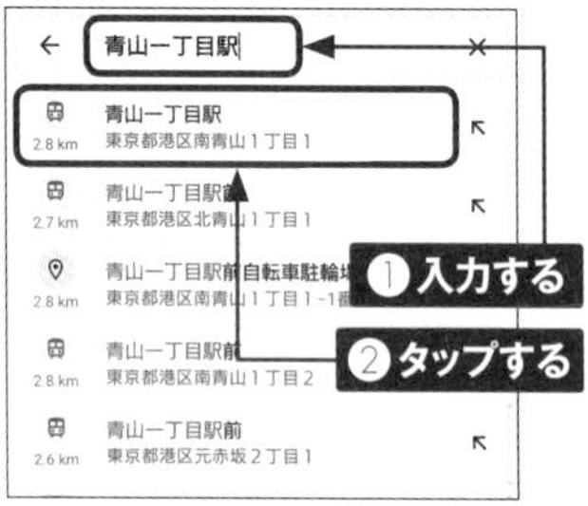

3 ルートが一覧表示されます。利用したい経路をタップします。

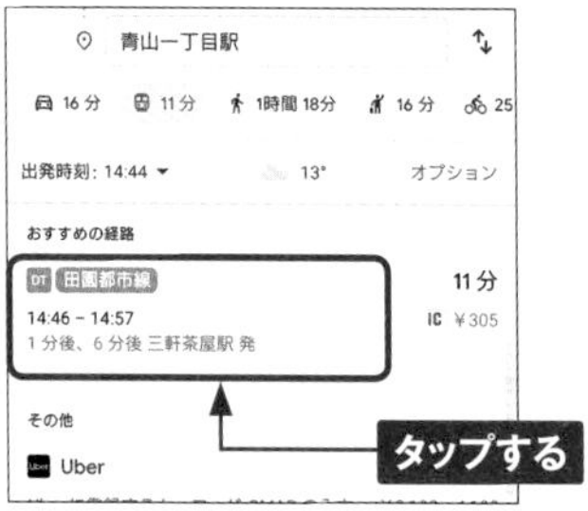

4 目的地までのルートが地図で表示されます。画面下部を上方向へフリックします。

5 ルートの詳細が表示されます。下方向へフリックすると、手順④の画面に戻ります。◀を何度かタップすると、地図に戻ります。

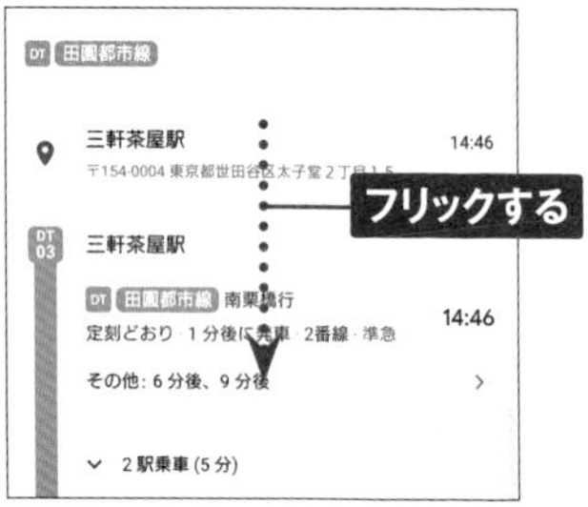

MEMO ナビの利用

「マップ」アプリには、「ナビ」機能が搭載されています。手順④に表示される＜ナビ開始＞をタップすると、「ナビ」が起動します。現在地から目的地までのルートを音声ガイダンス付きで案内してくれます。

周辺の施設を検索する

① P.101手順④を参考に現在地を表示し、検索ボックスをタップします。

② 探したい施設を入力し、 をタップします。

③ 該当するスポットが一覧で表示されます。上下にスライドして、気になるスポット名をタップします。

④ 選択した施設の情報が表示されます。上下にスライドすると、より詳細な情報を表示できます。

Section 35

YouTubeで動画を楽しむ

世界最大の動画共有サイトであるYouTubeの動画は、「YouTube」アプリで視聴することができます。高画質の動画を再生可能で、一時停止や再生位置の変更も行えます。

YouTubeの動画を検索して視聴する

① ホーム画面で<Google>をタップし、フォルダ内の<YouTube>をタップします。

② YouTube Premiumに関する画面が表示された場合は、<スキップ>をタップします。YouTubeのトップページが表示されるので、🔍をタップします。

③ 検索したいキーワード（ここでは「技術評論社」）を入力して、🔍をタップします。

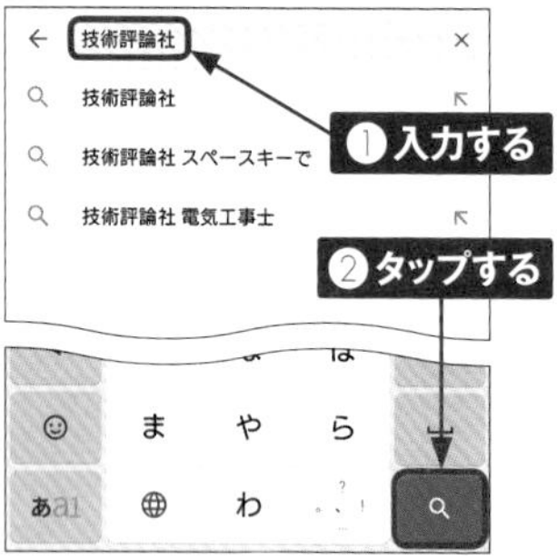

④ 検索結果一覧の中から、視聴したい動画のサムネイルをタップします。

5 再生がはじまります。P.19手順①を参考に通知パネルを表示して、をタップしてにしたうえで画面を横向きにすると、全画面表示になります。画面をタップします。

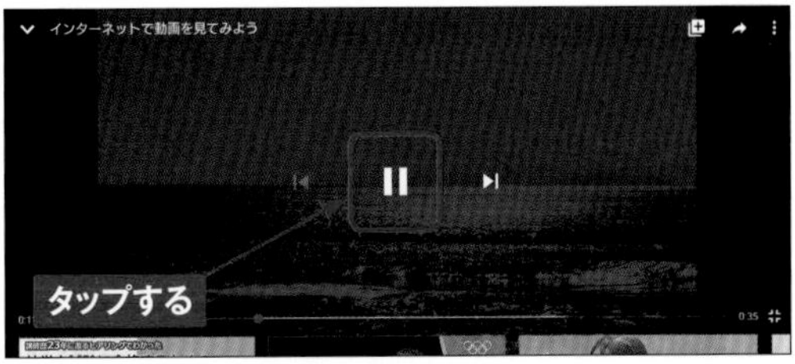

6 メニューが表示されます。⏸をタップすると一時停止します。∨をタップします。

7 再生画面がウィンドウ化され、動画を再生しながら視聴したい動画の選択操作ができます。動画再生を終了するには、✕をタップするか、◀を何度かタップしてYouTubeを終了します。

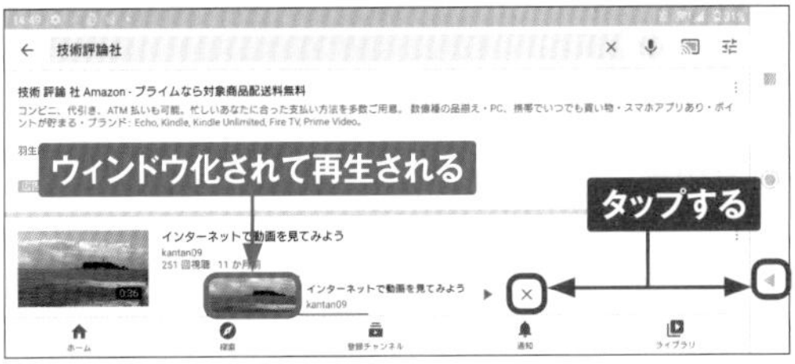

YouTubeの操作

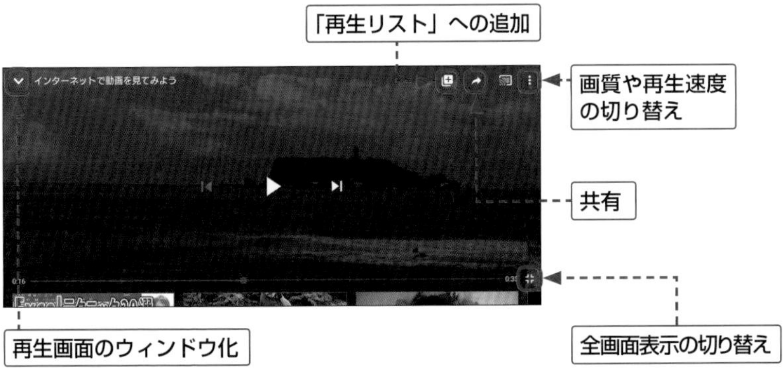

紛失したデバイスを探す

本体を紛失してしまっても、パソコンから本体がある場所を確認できます。なお、この機能を利用するには事前に位置情報を有効にしておく必要があります（P.100参照）。

「デバイスを探す」を設定する

① P.20を参考にアプリ一覧画面を表示し、＜設定＞をタップします。

② ＜セキュリティ＞をタップします。

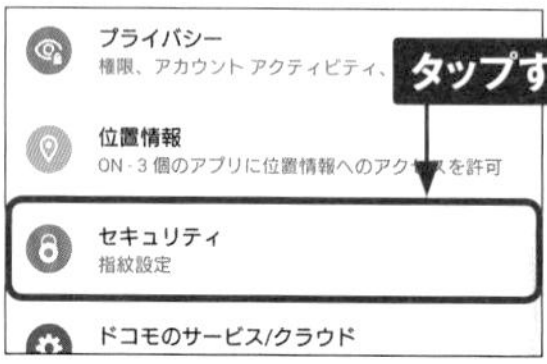

③ ＜デバイスを探す＞をタップします。

④ の場合は＜OFF＞をタップしてにします。

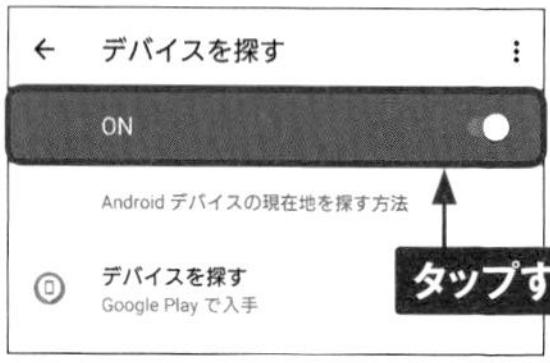

MEMO パソコンから探す

本体を紛失した際は、パソコンのWebブラウザで「Googleデバイスを探す」（https://www.google.com/android/find?u=0）にアクセスします。紛失したデバイスに設定されたGoogleアカウントとパスワードでログインすると、デバイスの位置が地図上に表示されます。

Chapter 5

ドコモのサービスを使いこなす

Section 37

dメニューを利用する

Xperia 5 IIでは、NTTドコモのポータルサイト「dメニュー」を利用できます。dメニューでは、ドコモのさまざまなサービスにアクセスしたり、Webページやアプリを探したりすることができます。

メニューリストからWebページを探す

1 ホーム画面で<dメニュー>をタップします。「dメニューお知らせ設定」画面が表示された場合は、<OK>をタップします。

2 「Chrome」アプリが起動し、dメニューが表示されます。<メニューリスト>をタップします。

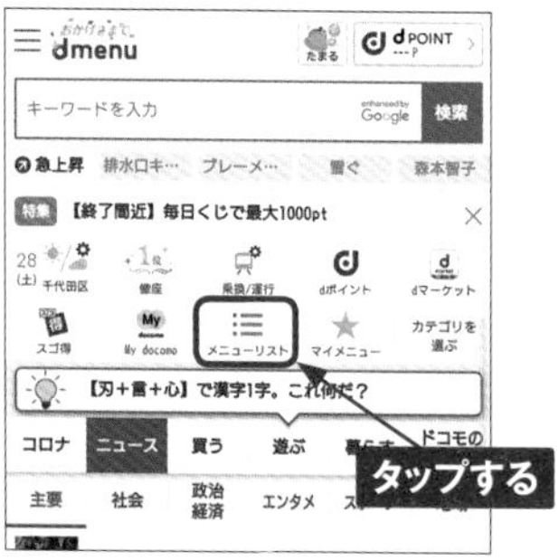

3 「メニューリスト」画面が表示されます。画面を上方向にスライドします。

MEMO dメニューとは

dメニューは、ドコモのスマートフォン向けのポータルサイトです。ドコモおすすめのアプリやサービスなどをかんたんに検索したり、利用料金の確認などができる「My docomo」(Sec.38参照) にアクセスしたりできます。

4 閲覧したいWebページのジャンルをタップします。

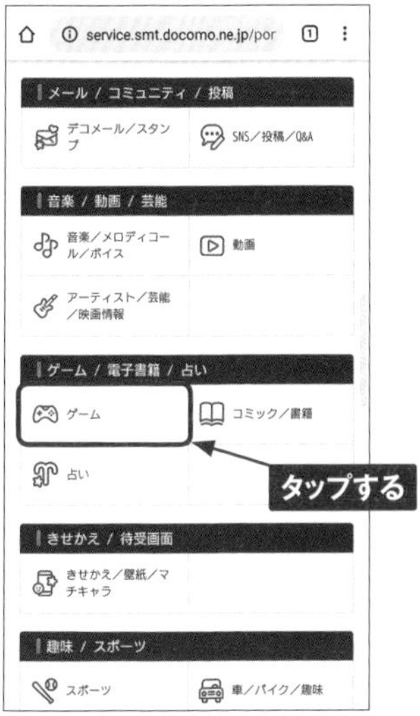

5 一覧から、閲覧したいWebページのタイトルをタップします。アクセス許可が表示された場合は、＜許可＞をタップします。

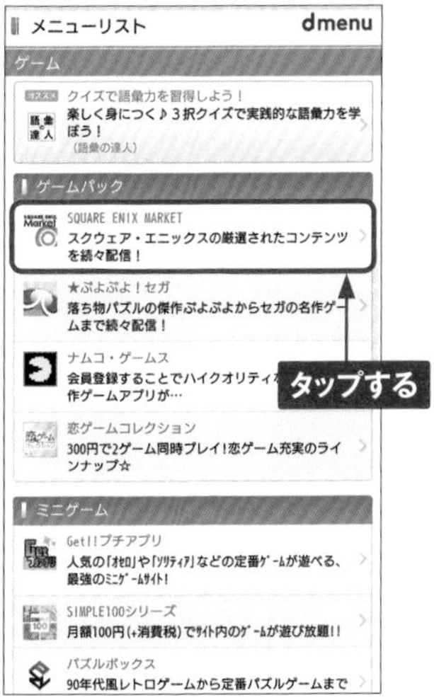

6 目的のWebページが表示されます。◀を何回かタップすると一覧に戻ります。

MEMO マイメニューの利用

P.108手順②で＜マイメニュー＞をタップしてdアカウントでログインすると、「マイメニュー」画面が表示されます。登録したアプリやサービスの継続課金一覧、dメニューから登録したサービスやアプリを確認できます。

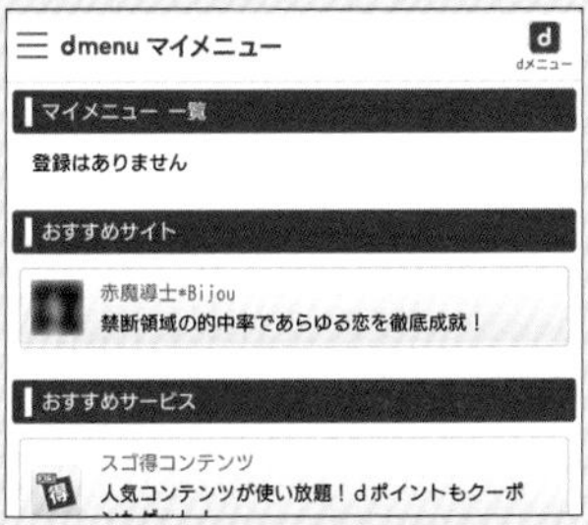

Section 38

My docomoを利用する

「My docomo」では、料金の確認や契約内容の確認・変更などのサービスが利用できます。利用の際には、dアカウントのパスワード（P.40参照）が必要です。

5

契約情報を確認・変更する

① ホーム画面で＜My docomo＞をタップし、Sec.32を参考にアップデートしたあと、再び＜My docomo＞をタップします。許可を求められたら、＜許可＞をタップします。

② アプリが起動したら＜スキップ＞をタップし、＜アプリケーション～確認しました＞をタップしてチェックを付け、＜同意する＞をタップします。

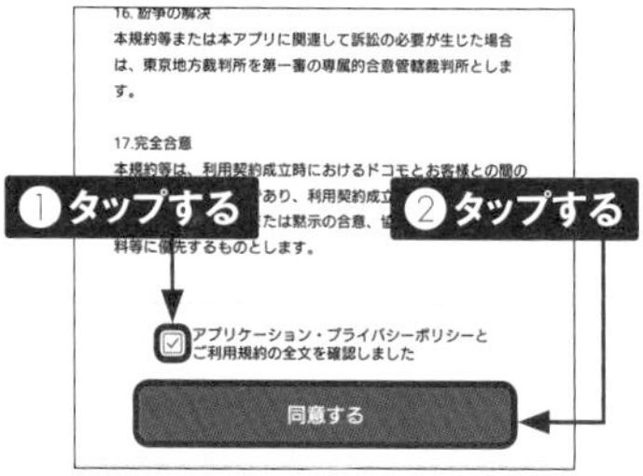

③ ＜次へ＞→＜次へ＞をタップして、「dアカウントログイン」画面でdアカウントのパスワードを入力し、＜パスワードを保存する＞をタップしてチェックを付けます。

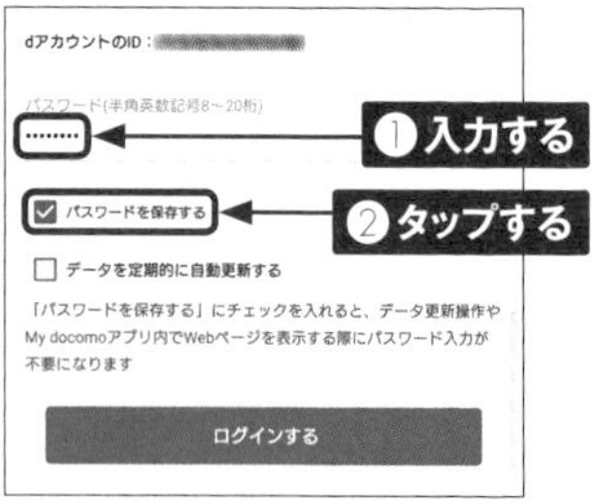

④ SMSで6桁の数字が届くので、「セキュリティコード」欄に入力して＜ログインする＞をタップし、次の画面で＜同意する＞をタップします。

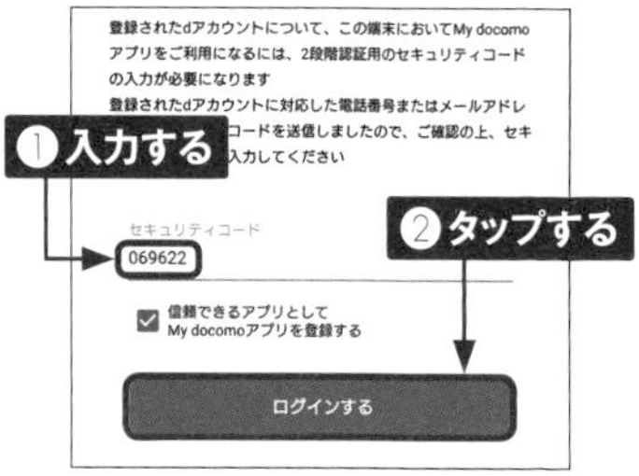

5 「あんしん設定」画面で<設定する>をタップし、4桁の数字を2回入力します。これで、パスコードを入力しないと起動できなくなります。続いて<利用しない>→<さあ、My docomoへ>の順にタップします。

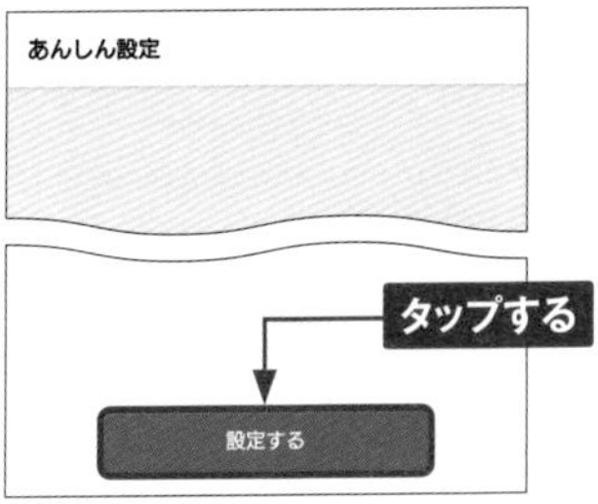

6 「My docomo」が開くので、画面を上方向にスライドし、「ドコモオンライン手続き」から、<ご契約内容の確認・変更>をタップします。

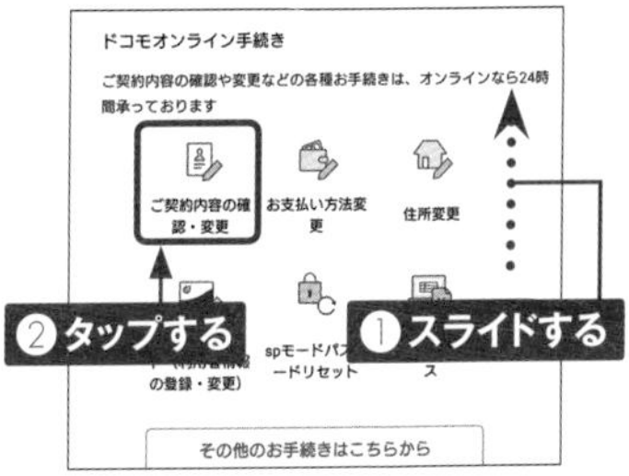

7 ご契約内容の確認画面が開くので、上方向にスライドします。

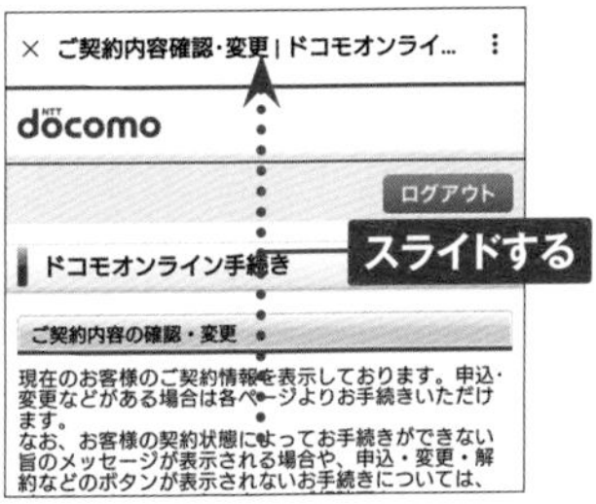

8 契約情報は3画面に分かれています。最初に氏名や住所などの「基本ご契約情報」が表示されます。[2]をタップします。

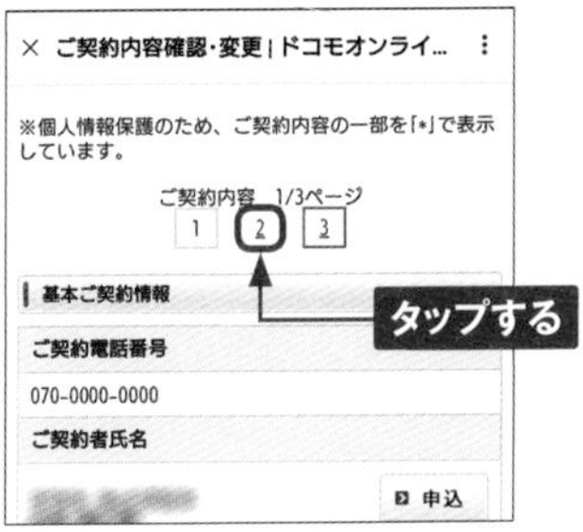

9 料金プランや割引サービスの契約状況が表示されます。[3]をタップします。

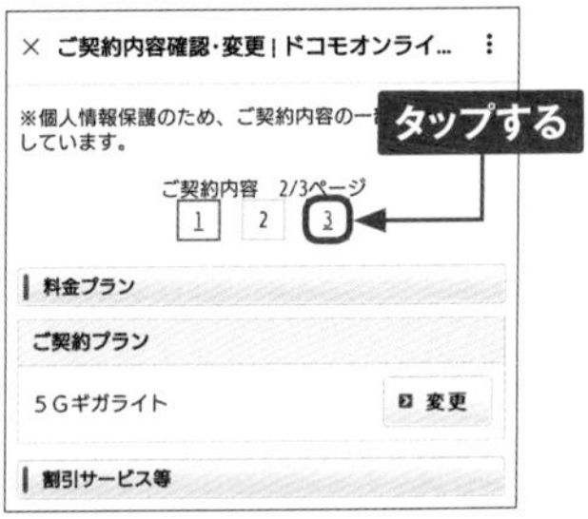

10 有料オプションサービスの契約状況が表示されます。料金プランやサービスの申し込み/解約をしたい場合は、そのサービスの<申込>や<解約>をタップします。

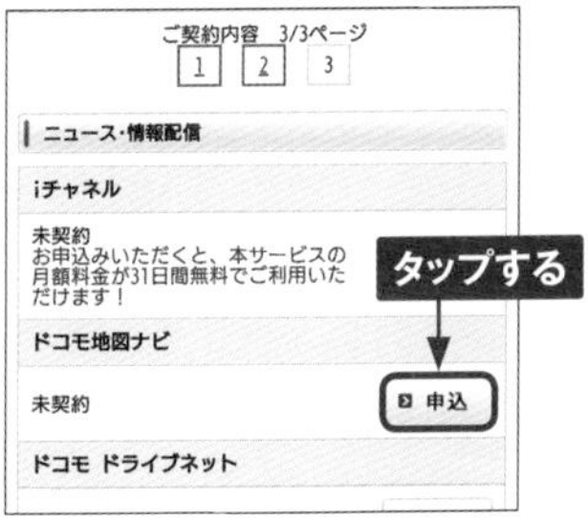

5

11 画面を上方向にスライドして契約内容を確認します。

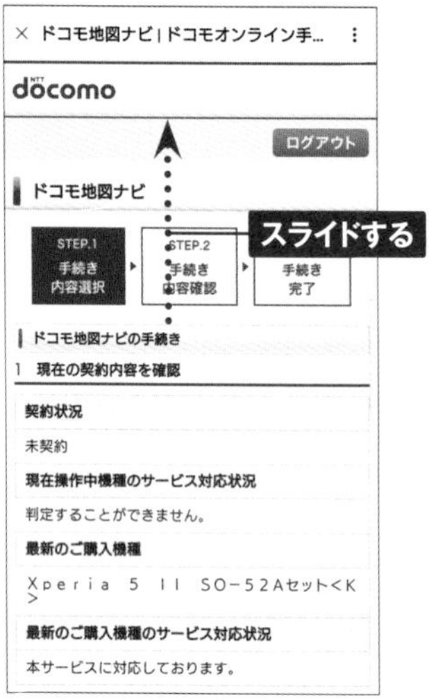

12 注意事項と利用規約を確認して<閉じる>をタップします。「…の注意事項・利用規約に同意する」のチェックボックスをタップしてチェックを付け、画面を上方向にスライドします。

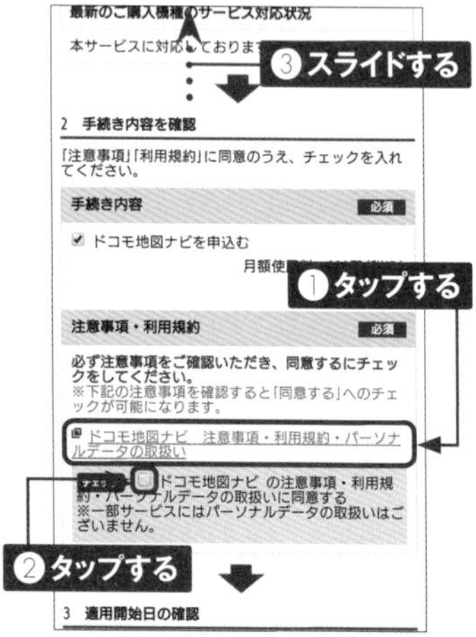

13 受付確認メールの送信先をタップして選択し、<次へ>をタップします。

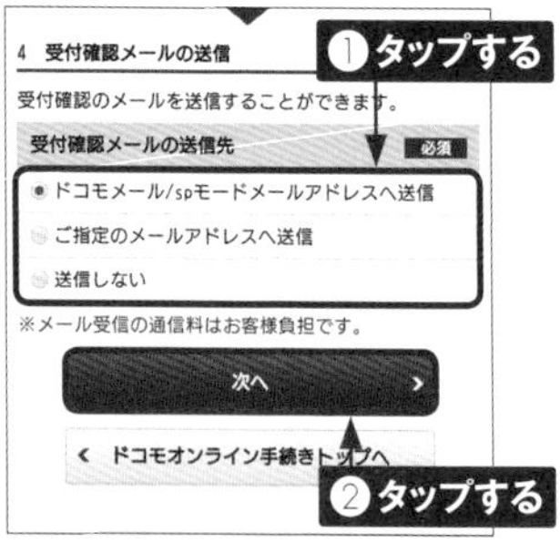

14 <手続きを完了する>をタップすると、手続きが完了します。

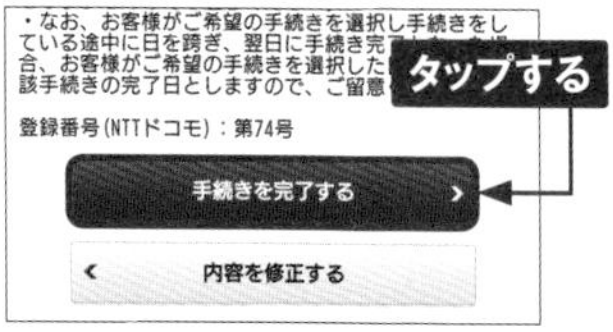

MEMO **料金の確認**

画面上部の<料金>をタップすると、毎月の利用料金を確認できます。また、<データ量>をタップすると、利用可能な残りのデータ量を確認できます。

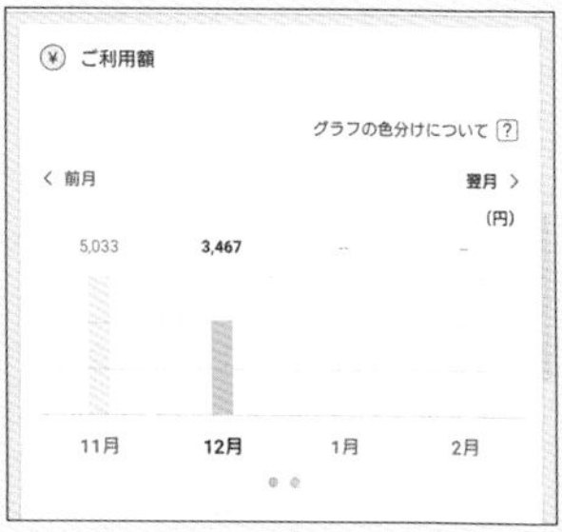

ドコモのアプリをアップデートする

1 P.111手順⑥の画面で、下部のメニューの<設定（メール等）>をタップして、<アップデート一覧>→<確認する>をタップします。

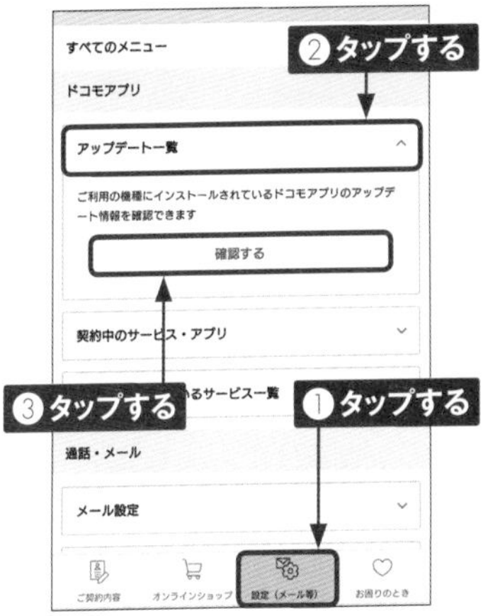

2 アップデートできるドコモアプリの一覧が表示されます。<すべてアップデート>をタップします。

3 それぞれのアプリで「ご確認」画面が表示されたら、<同意する>をタップします。

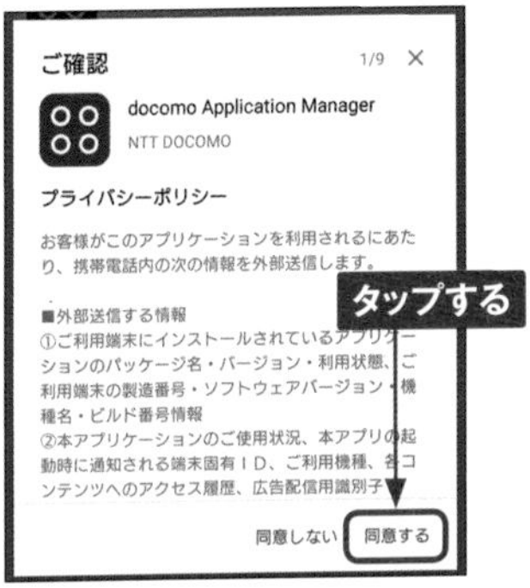

4 アプリのアップデートが開始されます。

MEMO **ドコモアプリのアンインストール**

ドコモのアプリをアンインストールしたい場合は、P.153を参考にホーム画面でアプリアイコンをロングタッチし、<アンインストール>をタップします。

Section 39

my daizを利用する

「my daiz」は、話しかけるだけで情報を教えてくれたり、ユーザーの行動に基づいた情報を自動で通知してくれたりするサービスです。使い込めば使い込むほど、さまざまな情報を提供してくれます。

my daizの機能

my daizは、登録した場所やプロフィールに基づいた情報を表示してくれるサービスです。有料版を使用すれば、ホーム画面のmy daizのアイコンが先読みして教えてくれるようになります。また、直接my daizと会話して質問したり本体の設定を変更したりすることもできます。

●アプリで情報を見る

「my daiz」アプリで「NOW」タブを表示すると、道路の渋滞情報を教えてくれたり、帰宅時間に雨が降りそうな場合に傘を持っていくよう提案してくれたりなど、ユーザーの登録した内容と行動に基づいた情報が先読みして表示されます。

●my daizと会話する

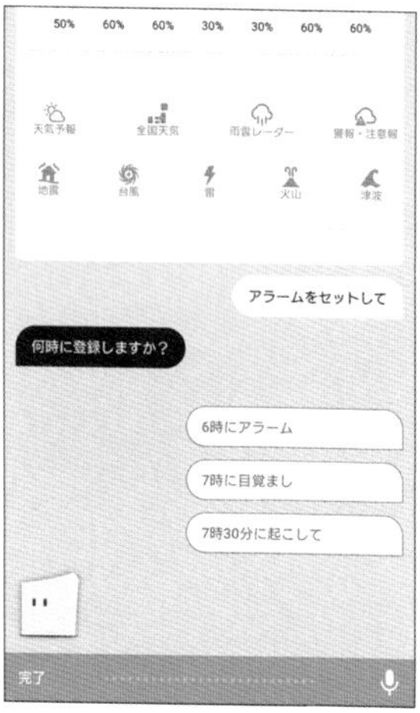

「my daiz」アプリを起動して「マイデイズ」と話しかけると、対話画面が表示されます。マイクアイコンをタップして話しかけたり、文字を入力したりすることで、天気予報の確認や調べ物、アラームやタイマーなどの設定ができます。

my daizを利用できるようにする

① ホーム画面でマチキャラをタップします。

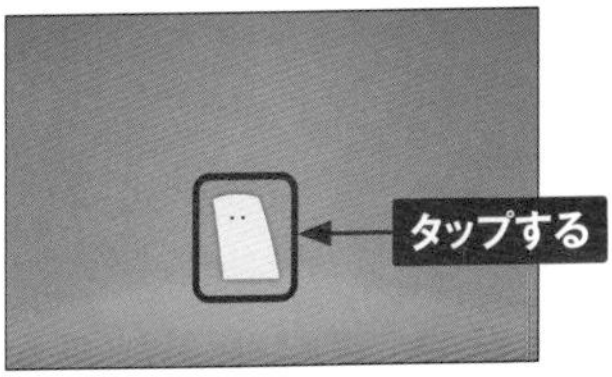

② 初回起動時は機能の説明画面が表示されます。＜はじめる＞→＜次へ＞の順にタップし、＜許可＞を5回タップします。

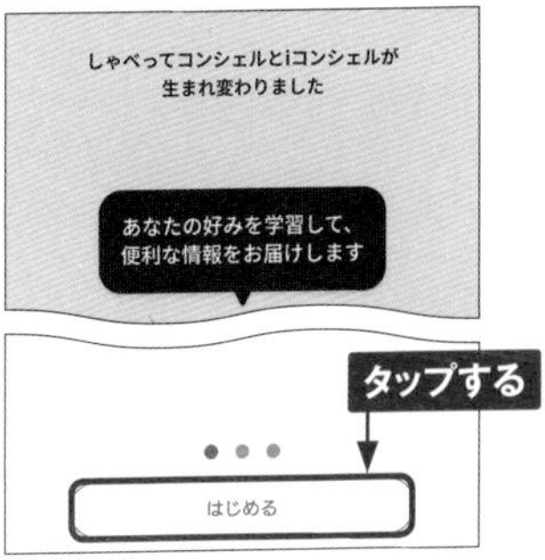

③ 初回は利用規約が表示されるので、上方向にスライドして「上記事項に同意する」のチェックボックスをタップしてチェックを付け、＜同意する＞→＜あとで設定＞の順にタップします。

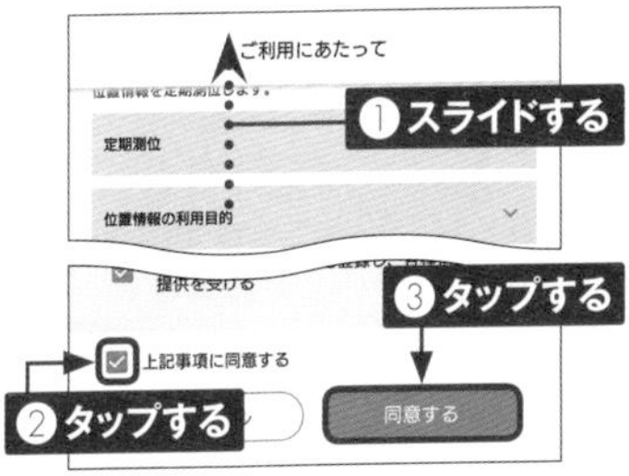

④ 「my daiz」が起動します。≡をタップしてメニューを表示し、＜設定＞をタップします。

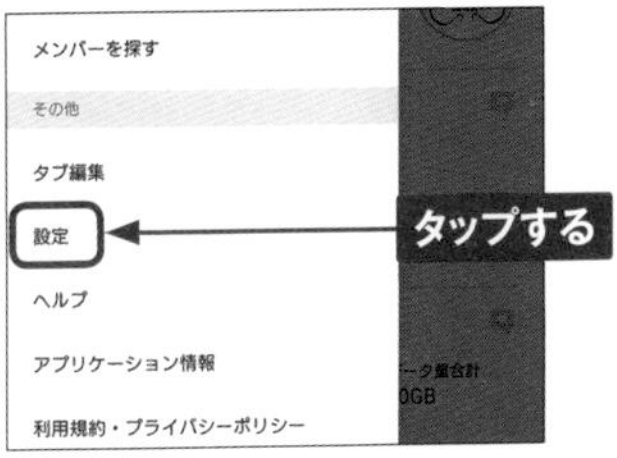

⑤ ＜プロフィール＞をタップしてdアカウントのパスワードを入力すると、さまざまな項目の設定画面が表示されます。未設定の項目は設定を済ませましょう。

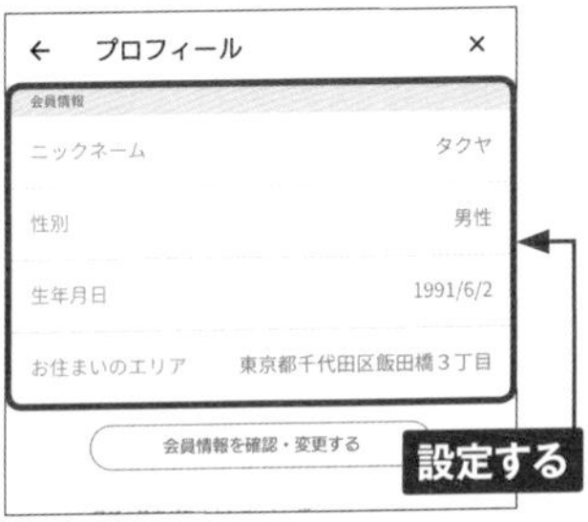

⑥ 手順④の画面で＜設定＞→＜コンテンツ・機能＞をタップすると、ジャンル別にカードの表示や詳細を設定できます。

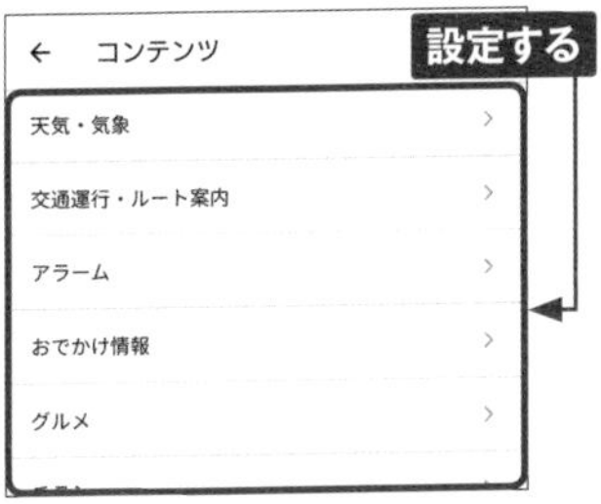

Section 40

d払いを利用する

「d払い」は、NTTドコモが提供するキャッシュレス決済サービスです。お店でバーコードを見せるだけでスマホ決済を利用できるほか、Amazonなどのネットショップの支払いにも利用できます。

d払いとは

「d払い」は、以前からあった「ドコモケータイ払い」を拡張して、ドコモ回線ユーザー以外も利用できるようにした決済サービスです。ドコモユーザーの場合、支払い方法に電話料金合算払いを選べ、より便利に使えます（他キャリアユーザーはクレジットカードが必要）。

「d払い」アプリでは、バーコードを見せるか読み取ることで、キャッシュレス決済が可能です。支払い方法は、電話料金合算払い、d払い残高（ドコモ口座）、クレジットカードから選べるほか、dポイントを使うこともできます。

画面下部の<クーポン>をタップすると、クーポンの情報が一覧表示されます。ポイント還元のキャンペーンはエントリー操作が必須のものが多いので、こまめにチェックしましょう。

d払いの初期設定を行う

1 Wi-Fiに接続している場合はSec.70を参考にオフにしてから、ホーム画面で<d払い>をタップします。

タップする
dポイント
d払い
dcard
フォト
カメラ
dメニュー
dマーケット
My docomo
Play ストア
Google

2 サービス紹介画面で<次へ>をタップして読み、<OK>→<アプリの使用中のみ許可>をタップします。

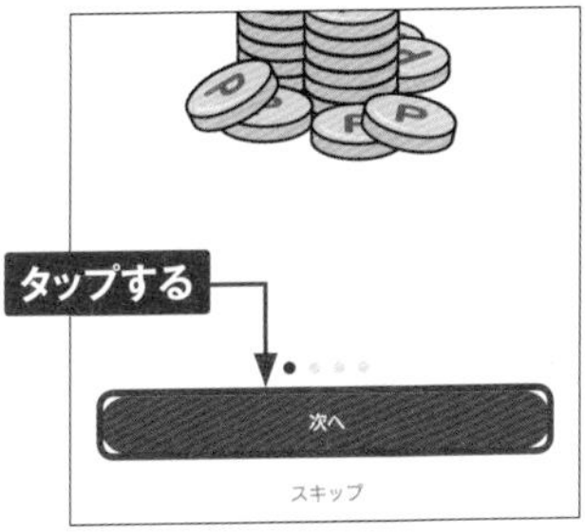
タップする
次へ
スキップ

3 「ご利用規約」画面をよく読み、<同意して次へ>をタップします。

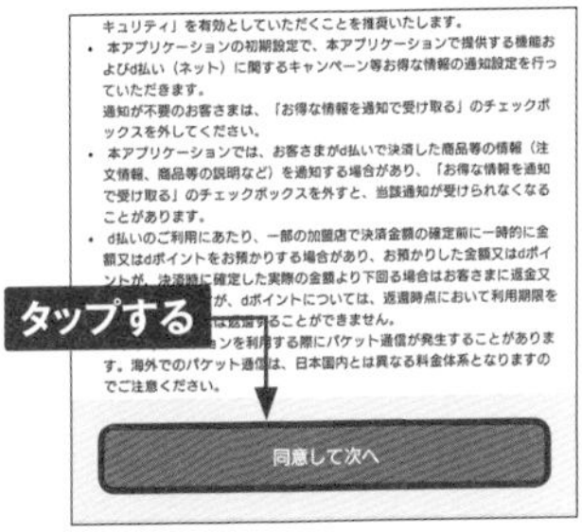
キュリティ」を有効としていただくことを推奨いたします。
・ 本アプリケーションの初期設定で、本アプリケーションで提供する機能およびd払い（ネット）に関するキャンペーン等お得な情報の通知設定を行っていただきます。
通知が不要のお客さまは、「お得な情報を通知で受け取る」のチェックボックスを外してください。
・ 本アプリケーションでは、お客さまがd払いで決済した商品等の情報（注文情報、商品等の説明など）を通知する場合があり、「お得な情報を通知で受け取る」のチェックボックスを外すと、当該通知が受けられなくなることがあります。
す。海外でのパケット通信は、日本国内とは異なる料金体系となりますのでご注意ください。
タップする
同意して次へ

4 「ログイン」画面でspモードパスワード（Sec.13参照）を入力して、<spモードパスワード確認>をタップします。次の画面でドコモ口座を作るか訊かれるので、<いいえ>か<はい>をタップします。

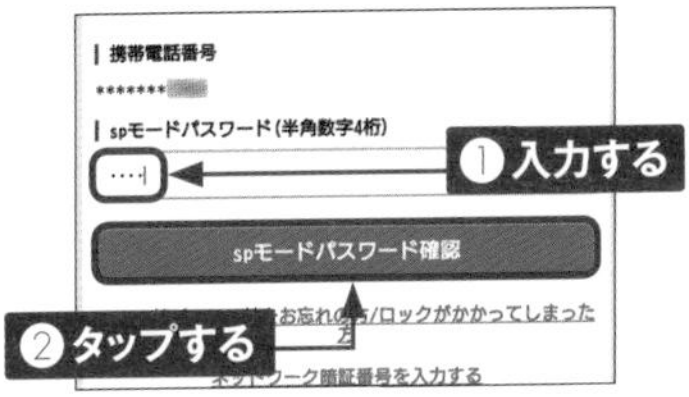
携帯電話番号
spモードパスワード（半角数字4桁）
❶入力する
spモードパスワード確認
❷タップする

5 「ご利用設定」画面で<次へ>をタップし、使い方の説明で<次へ>を何度かタップして<はじめる>をタップすると、利用設定が完了します。

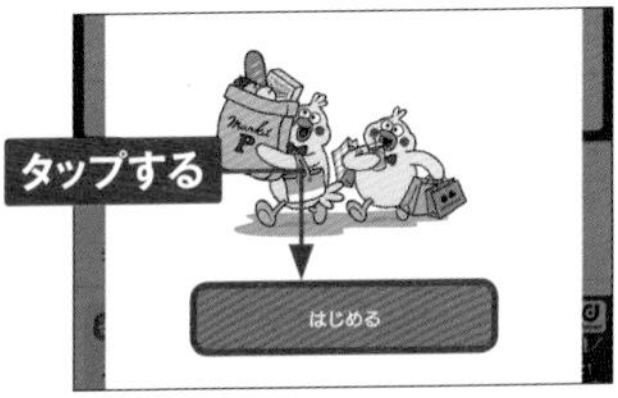
タップする
はじめる

MEMO **dポイントカード**

「d払い」アプリの画面右下の<dポイントカード>をタップすると、モバイルdポイントカードのバーコードを表示できます。dポイントカードが使える店では、支払い前にdポイントカードを見せて、d払いで支払うことで、二重にdポイントを貯めることができます。

Section 41

ドコモデータコピーを利用する

ドコモデータコピーでは、電話帳やスケジュールなどのデータをmicroSDカードに保存できます。データが不意に消えてしまったときや、機種変更するときにすぐにデータを戻すことができます。

ドコモデータコピーでデータをバックアップする

1 あらかじめmicroSDカードを挿入しておき、P.20を参考にアプリ一覧画面で＜データコピー＞をタップします。表示されていない場合は、P.113を参考にアプリをアップデートします。

2 初回起動時に「ドコモデータコピー」画面が表示された場合は、＜規約に同意して利用を開始＞をタップします。

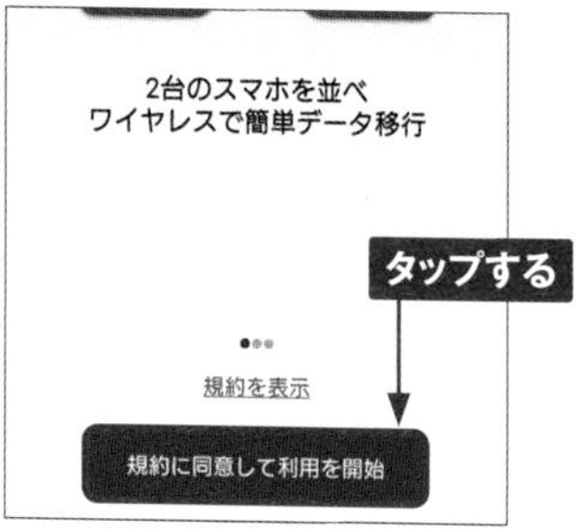

3 「ドコモデータコピー」画面で＜バックアップ&復元＞をタップします。

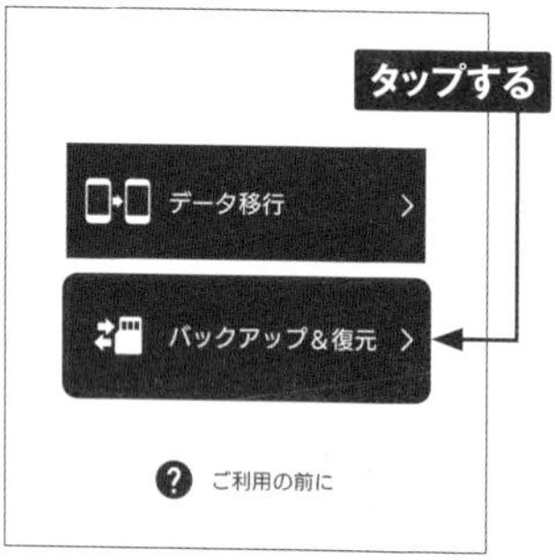

4 「アクセス許可」画面が表示されたら＜スタート＞をタップし、＜許可＞を6回タップして進みます。

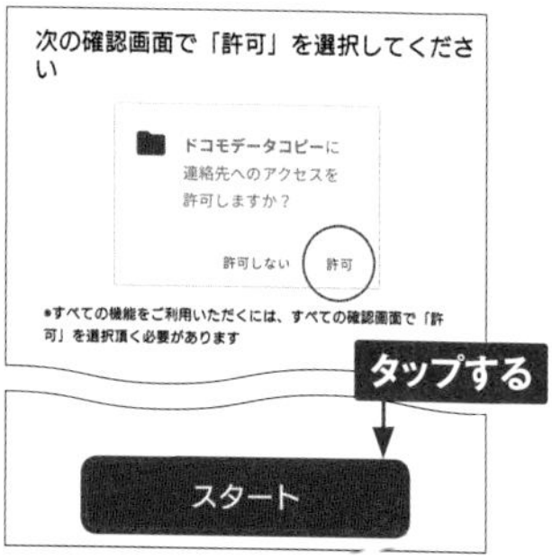

5 ＜バックアップ＞をタップします。

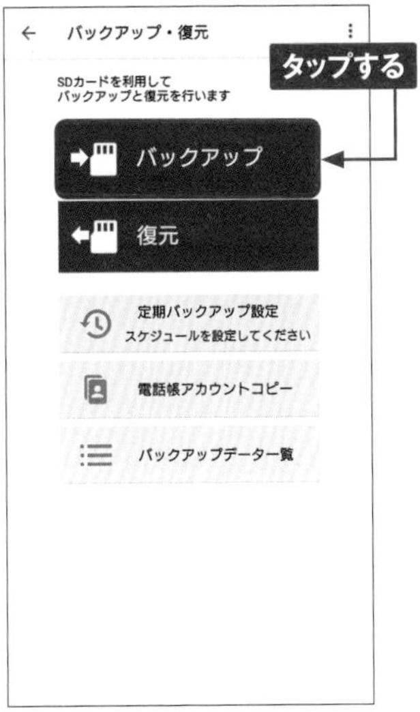

6 「バックアップ設定」画面でバックアップする項目をタップしてチェックを付け、＜バックアップ開始＞をタップします。

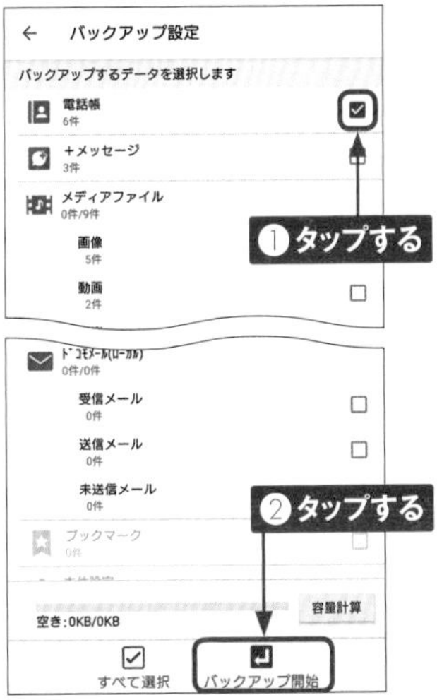

7 「確認」画面で＜開始する＞をタップします。

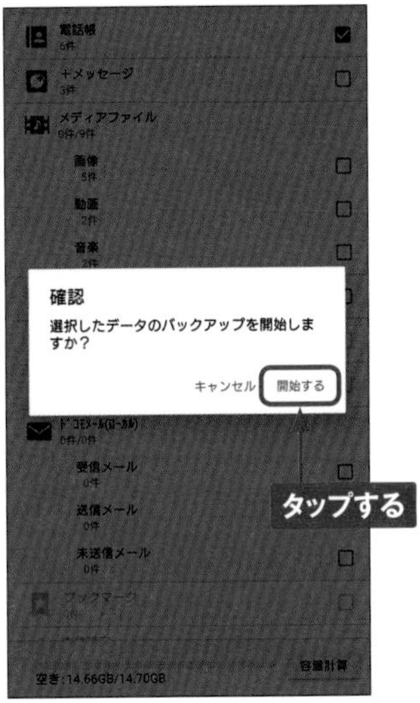

8 バックアップが完了したら、＜トップに戻る＞をタップします。

5

ドコモデータコピーでデータを復元する

1 P.119手順⑤の画面で<復元>をタップします。

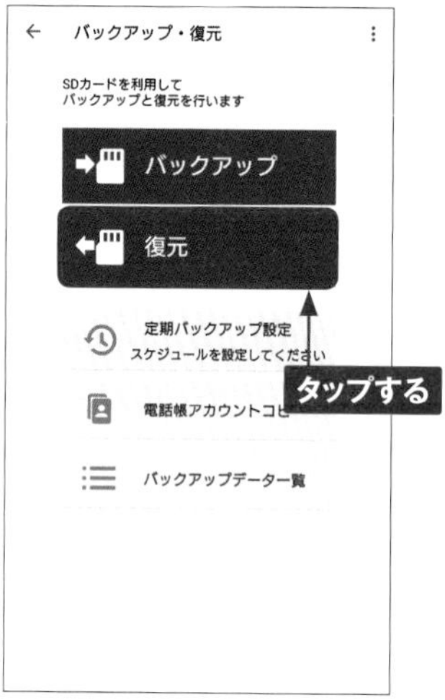

2 復元したいデータの<選択>をタップします。

3 復元するデータをタップしてチェックを付け、<選択>をタップします。

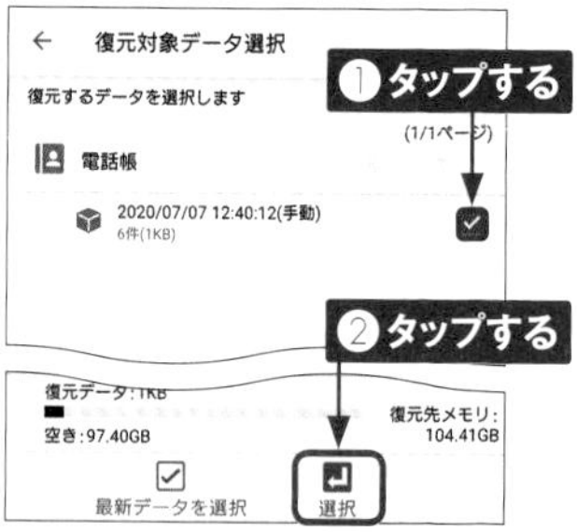

4 データの復元方法（ここでは<上書き>）をタップして選択し、<復元開始>をタップします。

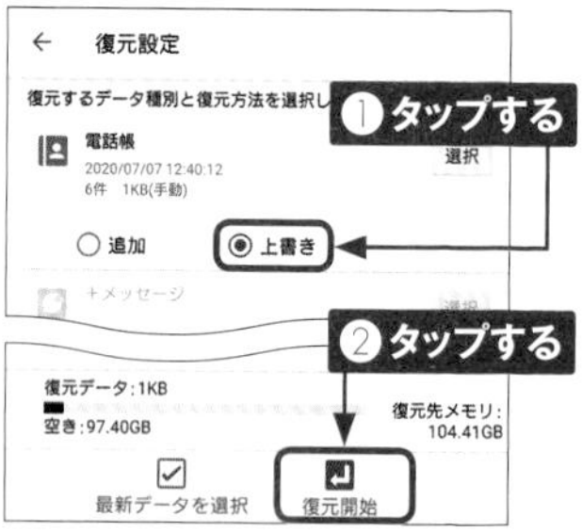

5 「確認」画面が表示されるので、<開始する>をタップすると、データが復元されます。

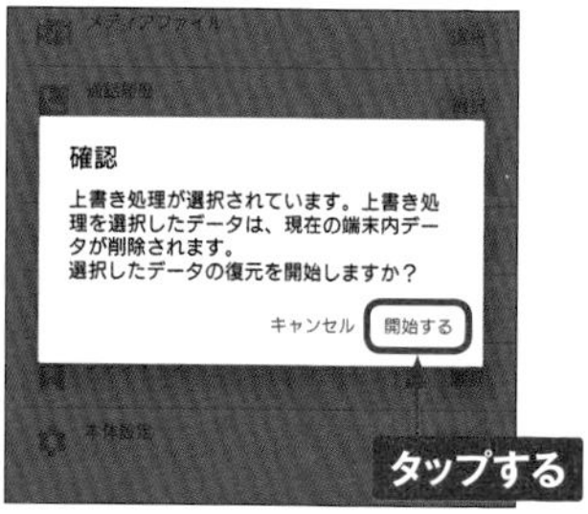

5

Chapter 6

音楽や写真・動画を楽しむ

Section 42

パソコンから音楽・写真・動画を取り込む

Xperia 5 IIをUSB Type-Cケーブルでパソコンと接続して、本体メモリやmicroSDカードに各種データを転送することができます。お気に入りの音楽や写真、動画を取り込みましょう。

パソコンと接続する

6

1 パソコンと本体をUSB Type-Cケーブルで接続します。初回接続時はパソコンに自動でドライバーがインストールされます。

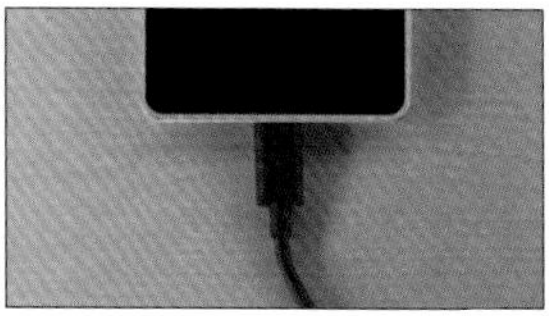

2 「アクセスを許可しますか?」画面が表示されるので、<許可>をタップすると、パソコンから本体にデータを転送できるようになります。

MEMO データ転送ができない場合

手順②の画面で、間違えて<拒否>をタップしてしまったり、<許可>をタップするのを忘れてしまったりすると、充電モードになってしまいます。その場合は、「設定」アプリを起動して<機器接続>→<USB>→<この機器>をタップし、「USBの使用」欄で<ファイル転送>をタップします。

MEMO Xperia Companionのインストール

パソコンとXperia 5 IIを接続すると、通知エリアに「ソフトウェアをインストール」という通知が表示されます。この通知をタップして、<インストール>をタップすると、「Xperia Companion」がパソコンにインストールされます。Xperia Companionでは、本体ソフトウェアの更新、音楽の転送、端末内のファイルやソフトウェアの管理などができます。

パソコンからデータを転送する

1 パソコンでエクスプローラーを開き、「PC」にある<Xperia 5 II>をクリックします。

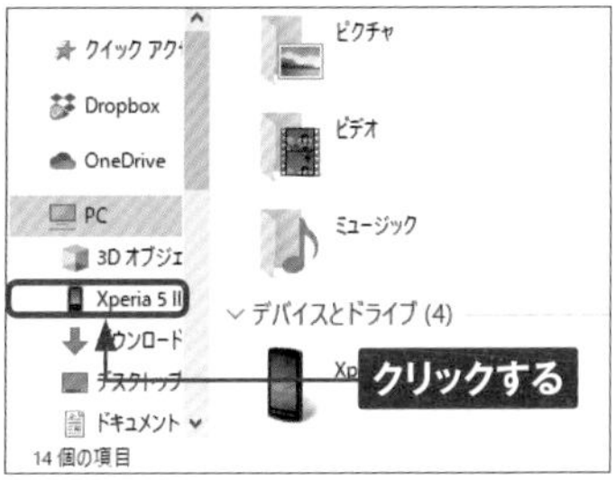

2 <内部共有ストレージ>をダブルクリックします。microSDカードを挿入している場合は、「SDカード」と「内部共有ストレージ」が表示されます。

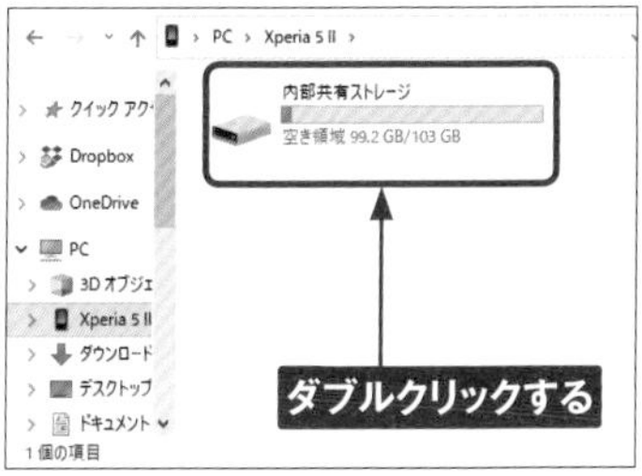

3 本体内のフォルダやファイルが表示されます。

4 パソコンからコピーしたいファイルやフォルダをドラッグします。ここでは、画像ファイルが入っている「Photo」というフォルダを「Pictures」にコピーします。

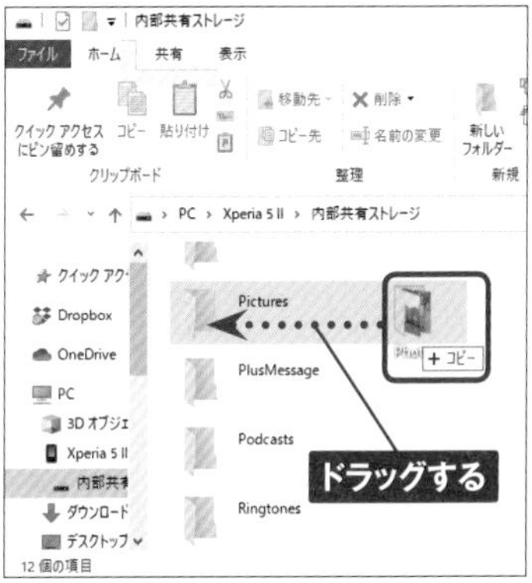

5 コピーが完了したら、パソコンからUSB Type-Cケーブルを外します。画面はコピーしたファイルを「フォト」アプリで表示したところです。

Section 43

本体内の音楽を聴く

本体内に転送した音楽ファイル（Sec.42参照）は「ミュージック」アプリで再生することができます。ここでは、「ミュージック」アプリでの再生方法を紹介します。

音楽ファイルを再生する

6

1 アプリ一覧画面で<ミュージック>をタップします。

2 ホーム画面が表示されます

3 画面左上のアイコンをタップすると、メニューが表示されます。ここでは<アルバム>をタップします。

4 端末に保存されている楽曲がアルバムごとに表示されます。再生したいアルバムをタップします。

5 再生したい楽曲をタップします。

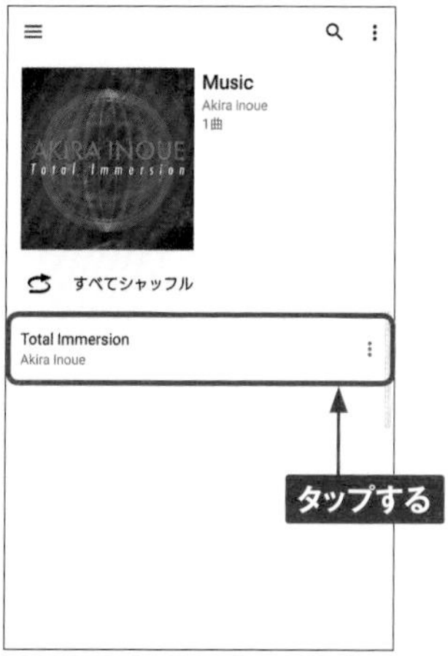

6 楽曲の再生が開始します。

ミュージックプレイヤー画面の見かた

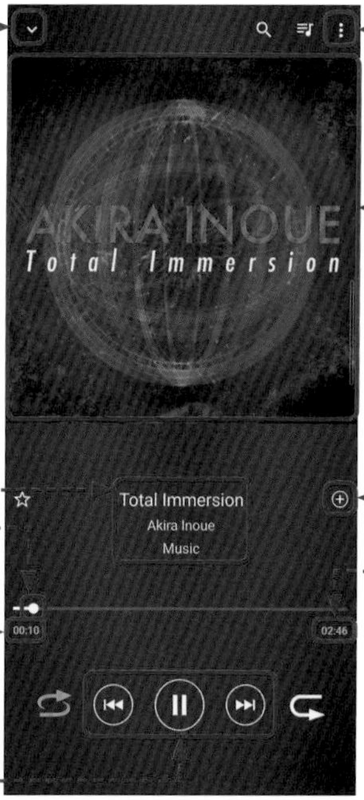

タップすると、画面下部にミュージックプレイヤーを表示します。

楽曲情報の表示などができます。

アルバムアートワークがあればジャケットが表示されます。

曲名、アーティスト名が表示されます。

左右にドラッグすると、曲の再生位置を調整できます。

プレイリストに追加できます。

曲の全体時間が表示されます。

曲の経過時間が表示されます。

各ボタンをタップして、曲の再生操作を行えます。

タップすると。次に再生する曲が一覧で表示されます。

ハイレゾ音源を再生する

Xperia 5 IIの「ミュージック」アプリでは、ハイレゾ音源を再生することができます。また、設定により、通常の音源でも高音質で聴くことができます。

ハイレゾ音源の再生に必要なもの

本体上部のヘッドセット接続端子に、ハイレゾ対応のヘッドホンやイヤホンを接続したり、ハイレゾ対応のBluetoothヘッドホンを接続したりすることで、高音質なハイレゾ音楽を楽しむことができます。
ハイレゾ音源は、Sec.31 ～ 32の方法でインストールできる「mora」アプリや「mora qualitas」アプリ、インターネット上のハイレゾ音源販売サイトから購入することができます。
ハイレゾ音源の音楽ファイルは、通常の音楽ファイルに比べて容量が大きいので、microSDカードを利用して、保存するのがおすすめです。
また、ハイレゾ音源ではない音楽ファイルでも、DSEE Ultimateを有効にすることで、ハイレゾ音源に近い音質（192kHz/24bit）で聴くことが可能です（P.127参照）。

ハイレゾ音源に対応したヘッドホンやイヤホンを接続すると、より高音質なサウンドを楽しめます。写真はハイレゾ音源に対応したワイヤレスノイズキャンセリングステレオヘッドセット「WI-1000XM2」（ソニー製）。

MEMO メディアファイルをmicroSDに転送するには

本体メモリ（内部ストレージ）に保存した音楽・動画・画像などのファイルをmicroSDカードに転送するには、「設定」アプリを起動して、＜ストレージ＞→＜SDカード＞の順にタップします。左上の≡→＜オーディオ＞の順にタップして、転送したいファイルをロングタッチしたら、⋮→＜移動＞→≡→＜SDカード＞→転送したいフォルダ→＜移動＞の順にタップします。これにより、本体メモリの容量を空けることができます。

通常の音源をハイレゾ音源並の高音質で聴く

1 P.20を参考にアプリ一覧画面を開き、<設定>をタップします。

2 <音設定>をタップします。

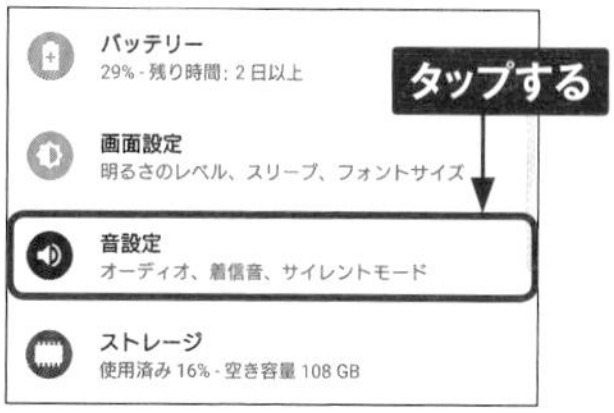

MEMO DSEE Ultimateとは

DSEEはソニー独自の音質向上技術で、音楽や動画・ゲームの音声を、ハイレゾ音質に変換して再生することができます。MP3などの音楽のデータは44.1kHzまたは48kHz/16bitで、さらに圧縮されて音質が劣化していますが、これをAI処理により補完して192kHz/24bitのデータに拡張してくれます。DSEE Ultimateではワイヤレス再生にも対応したので、LDAC／aptX HD／aptX Adaptiveに対応したBluetoothヘッドホンでも効果を体感できます。

3 <オーディオ設定>をタップします。

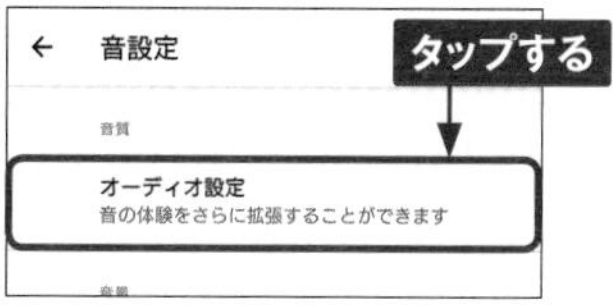

4 <DSEE Ultimate>をタップして、 を に切り替えます。

MEMO Dolby Atmosとは

手順④の画面で<Dolby Atmos>をタップして にすると、「Dolby Atmos」が適用されます。「Dolby Atmos」とはサラウンド記録再生方式の1つで、従来のチャンネルベースのミキシング方式と、オブジェクトベースのダイナミックなオーディオミキシングを組み合わせたものです。これにより、精密な音の定位や移動を表現することが可能になり、イヤホンやヘッドホンで音楽を聴いているのに、さまざまな位置から音が聞こえるように感じることができます。

Section 45

写真や動画を撮影する

Xperia 5 IIは高解像度・高感度の最新式カメラを搭載しています。「フォト」や「ビデオ」などの撮影モードのほか、さまざまな撮影アプリを利用することができます。

「カメラ」アプリの初期設定を行う

1 ホーム画面で＜カメラ＞をタップします。

2 「撮影場所を記録しますか?」と表示されたら、＜いいえ＞もしくは＜はい＞をタップします。

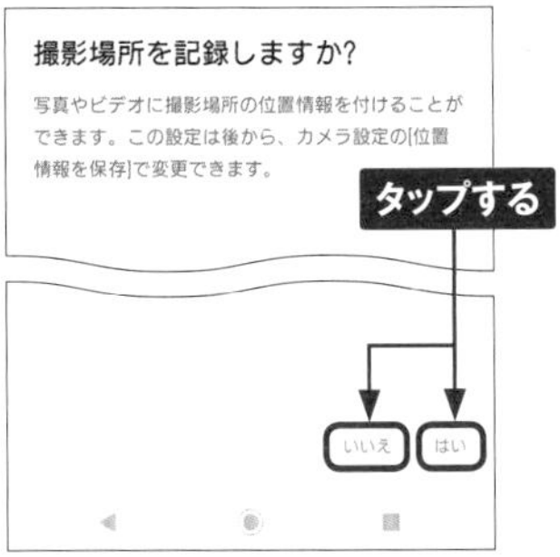

3 「このデバイスの位置情報へのアクセスを「カメラ」に許可しますか?」と表示されたら、＜アプリの使用中のみ許可＞もしくは＜許可しない＞をタップします（P.129MEMO参照）。

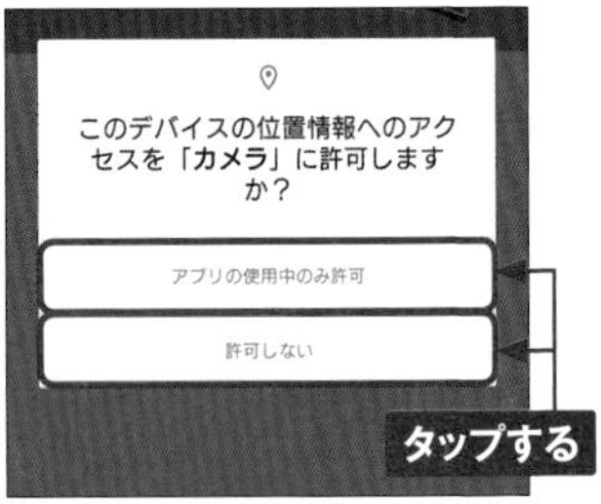

4 カメラが起動して利用可能になります。

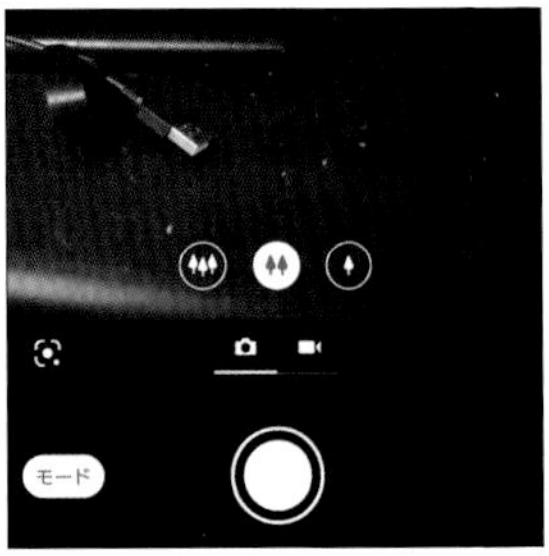

写真を撮影する

1 P.128を参考に「カメラ」アプリを起動します。ピンチイン／ピンチアウトすると、ズームアウト／ズームインでき、画面上に倍率が表示されます。

2 ピントを合わせたい場所がある場合は、画面をタップするとすぐにピントが合います。をタップすると、写真を撮影します。

3 撮影が終わると、画面右上に撮影した写真のサムネイルが表示されます。撮影を終了するには▼（本体が縦向きの場合は◀）をタップします。

MEMO

ジオタグの有効／無効

P.128手順②で<はい>、手順③で<アプリの使用中のみ許可>をタップすると、撮影した写真に自動的に撮影場所の情報（ジオタグ）が記録されます。自宅や職場など、位置を知られたくない場所で撮影する場合は、オフにしましょう。ジオタグのオン／オフは、手順①の画面で左上のをタップして、<位置情報を保存>をタップすると変更できます。

「カメラ」アプリの画面の見かた

❶	スマイルシャッターの設定やジオタグの付加など本体の状態を表すアイコンが表示されます。
❷	設定項目が表示されます。
❸	メインカメラとフロントカメラを切り替えることができます。
❹	明るさや色合いが変更できます。
❺	縦横比を変更できます。
❻	背景をボカすボケ効果が利用できます。
❼	フラッシュの設定ができます。
❽	カメラや被写体の移動が検出されるとアイコンが表示されます。
❾	「望遠」「標準」「超広角」のレンズを切り替えることができます。
❿	瞳AF時にアイコンが表示されます。
⓫	直前に撮影した写真がサムネイルで表示されます。
⓬	画面をスワイプすると「フォト」と「ビデオ」を切り替えることができます。
⓭	撮影ボタン。動画撮影中は一時停止・停止ボタンが表示されます。
⓮	撮影モード（P.131参照）を切り替えることができます。
⓯	最近使った撮影モードのアイコンが表示され、タップするとすぐに切り替えることができます。

MEMO 本体キーを使って撮影をする

XPERIA 5 IIは、本体のカメラキーや音量キー／ズームキー（P.8参照）を使って撮影することができます。標準では、カメラキーを1秒以上長押しすることで、「カメラ」アプリを起動することができ、「フォト」モード時に半押しすることで、ピントを合わせて固定することができます（オートフォーカスロック）。また、設定によりカメラキーを押している間は連写や、1秒以上の長押しで「カメラ」アプリの起動と撮影ができるようにすることも可能です。音量キー／ズームキーは、標準で画面のズームに利用でき、連写などを有効にすることもできます。

撮影モードを変更する

1 「フォト」「ビデオ」以外のモードに変更する場合は、<モード>（P.130⓮参照）をタップして、変更したいモードをタップします。

2 選択したモードから「フォト」モードに戻る場合は、←をタップします。

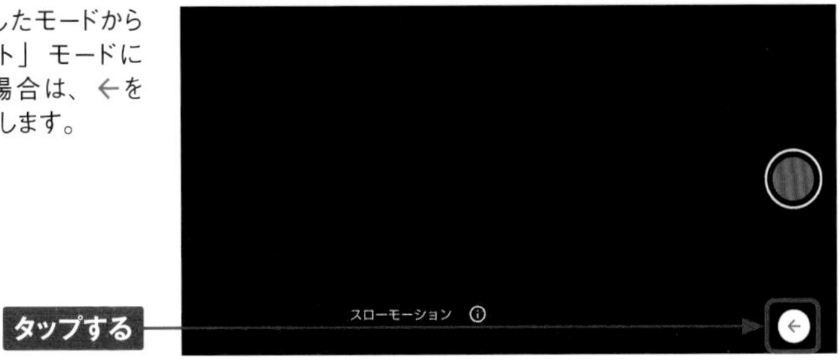

●利用できるモード

Photo Pro		従来のマニュアルにあたるモードですが、ミラーレス一眼クラスの設定や撮影をすることができます（Sec.47参照）
Google Lens		植物や書籍などを撮影して被写体の情報を表示したり、テキストを撮影してコピーや翻訳などをしたりすることができます（P.150参照）。
スローモーション		動画の撮影中に、ここぞという場面をスローモーションにすることができます。
ポートレートセルフィー		輪郭補正や美肌などの効果を自由に加えて、自分撮りをすることができます。
クリエイティブエフェクト		フィルター効果や魚眼レンズ、ミニチュア風など、さまざまなエフェクトが楽しめます（P.138参照）。
パノラマ	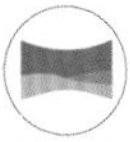	カメラを動かしながら撮影して、通常より広い範囲を1枚の写真で撮影できます（P.135参照）。

動画を撮影する

1 「カメラ」アプリを起動し、画面を下方向にスワイプして「ビデオ」に切り替えます。

2 をタップすると、動画の撮影がはじまります。

3 動画の録画中は画面左下に録画時間が表示されます。をタップすると、撮影が終了します。

MEMO 動画撮影中に写真を撮るには

動画撮影中にをタップすると、写真を撮影することができます。写真を撮影してもシャッター音は鳴らないので、動画に音が入り込む心配はありません。

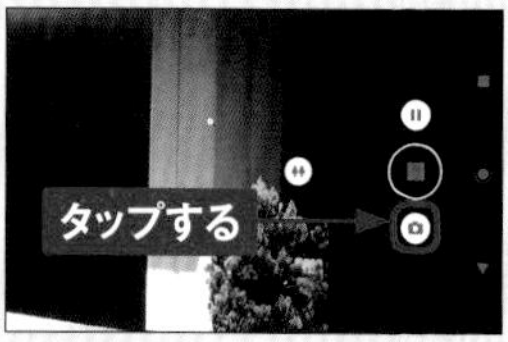

4Kで動画を撮影する

1 「カメラ」アプリを起動し、P.132を参考に撮影モードを「ビデオ」に切り替え、をタップします。

2 「カメラ設定」画面が表示されるので、<ビデオサイズ>をタップします。

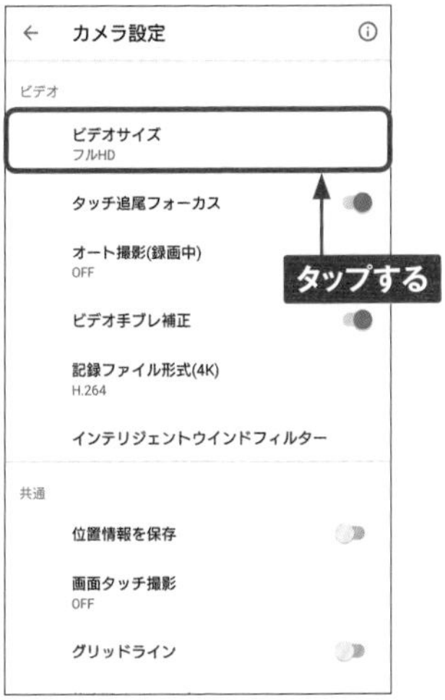

3 <4K>をタップします。初回は「お知らせ」画面が表示されるので、<OK>をタップします。

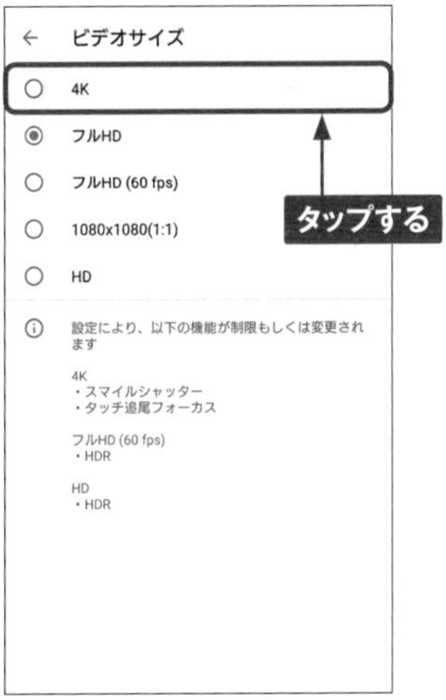

MEMO

保存先の変更

写真や動画の保存先をmicroSDカードに変更するには、手順2の画面で、<保存先>をタップして、<SDカード>をタップします。

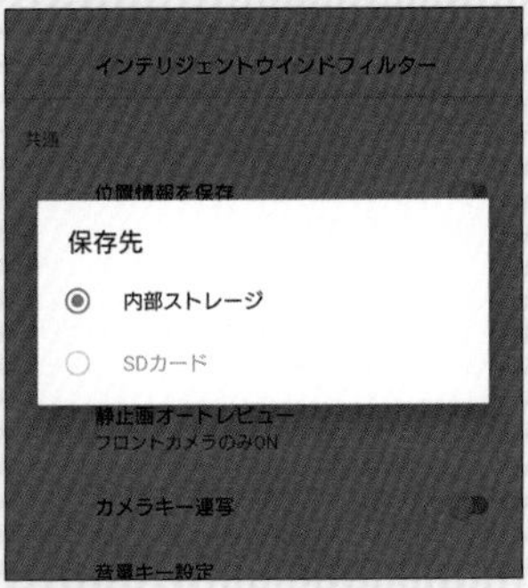

カメラの撮影機能を活用する

Xperia 5 IIのカメラは、3つのレンズを搭載しており、切り替えて利用することができます。また、笑顔を検知して自動で撮影するスマイルシャッター機能など、便利な機能があります。

レンズを切り替える

1 「カメラ」アプリを起動し、「フォト」もしくは「ビデオ」モードにします。標準では「標準」レンズが選択されています。「望遠」レンズに切り替えるには、をタップします。

2 「望遠」レンズになりました。「標準」に戻す、もしくは「超広角」に切り替えるには、各アイコンをタップします。レンズ切り替えボタン部分をドラッグします。

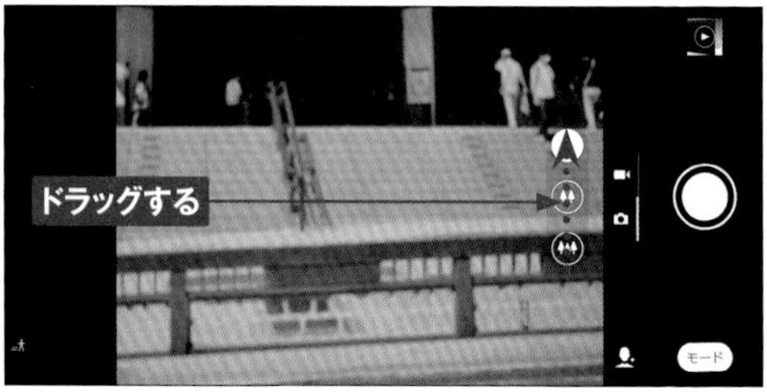

3 スライダーが表示され、各レンズごとに最大3倍までズーム倍率を変更することができます。なお、ズームの設定は、再度「カメラ」アプリを起動すると、リセットされます。

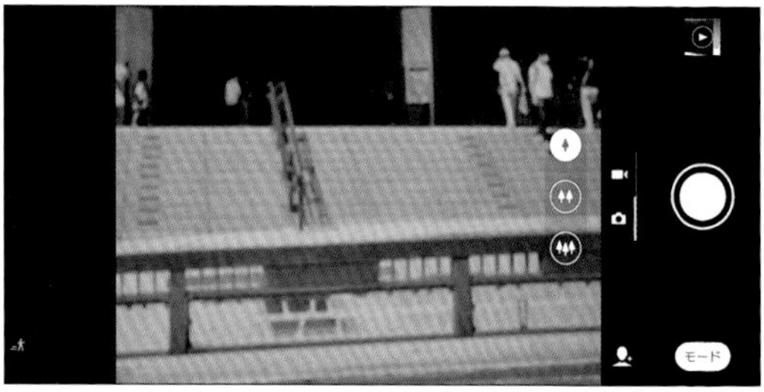

パノラマ写真を撮影する

1 P.131手順①の撮影モードの画面で＜パノラマ＞をタップします。アクセス許可が表示されたら、＜許可＞や＜はい＞をタップして進みます。

2 をタップします。

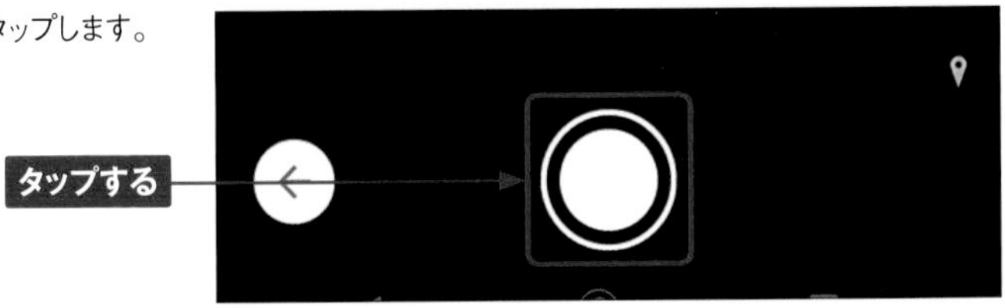

3 端末をゆっくり左か右（端末が横向きの場合は上か下）に動かして撮影します。枠内の端まで動かし切るか、をタップすると撮影が完了します。

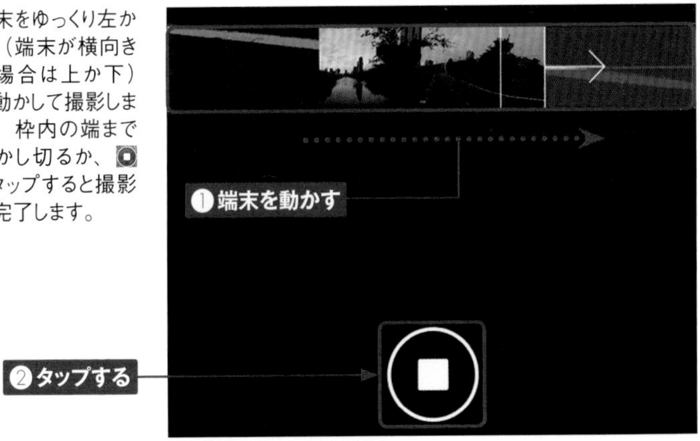

4 画面右下のサムネイル画像をタップすると、撮影したパノラマ写真が確認できます。

スローモーション撮影に切り替える

1 ＜モード＞をタップして、＜スローモーション＞をタップします。

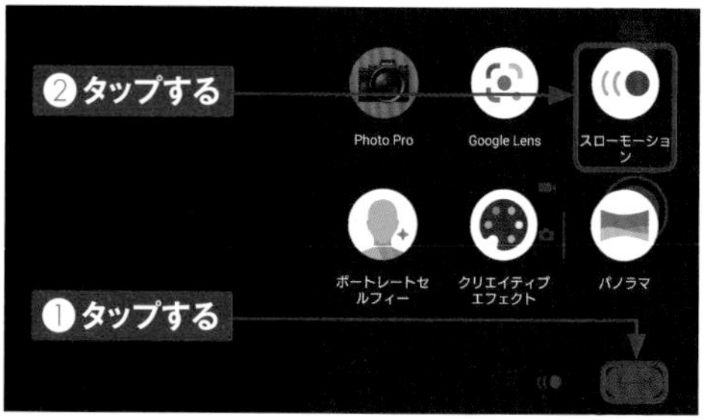

2 スローモーション撮影の説明が表示されるので、＜了解＞をタップします。

3 スローモーション撮影が行えるようになりました。

4 スローモーション撮影を終了するには画面右下の←をタップします。

動画をスローモーション撮影する

1 P.136を参考にスローモーション撮影に切り替えて、をタップします。

2 スローモーション撮影が開始します。をタップすると、スローモーション撮影が終了します。

3 画面右上のサムネイルをタップすると、スローモーション撮影を行った動画を確認することができます（MEMO参照）。

MEMO

スローモーション撮影を行った動画

スローモーション撮影を行った動画には、シークバーの上に目盛が表示されます。目盛上のとをドラッグすると、スローモーションで再生したいシーンを選択することができます。

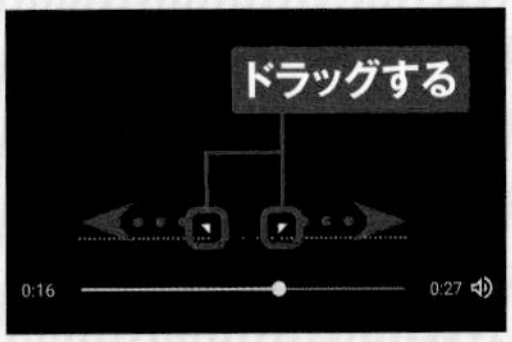

クリエイティブエフェクトでさまざまな効果を加える

1 P.135手順①の画面で<クリエイティブエフェクト>をタップします。アクセス許可が表示されたら、<許可>をタップして進み、「お知らせ」画面が表示されたら<OK>をタップします。

2 左側に効果を加えた画面、右側に選択している効果が表示されます。効果の画面を上方向にスワイプします。加えたい効果（ここでは<ノスタルジック>）をタップし をタップします。

3 エフェクトごとに異なるパネルが表示されるので、タップして設定します。

4 をタップすると、効果を加えた写真を撮影できます。

背景をぼかして撮影する

1 「カメラ」アプリを起動し、「フォト」モードにします。をタップします。

タップする

2 被写体に近すぎると、画面上部に「被写体から離れてください」と表示されるので、距離を調整します。

3 右側のスライダーをドラッグして、ぼけの効果を調節します。

ドラッグする

4 ◯をタップすると、背景をぼかした写真が撮影できます。

タップする

6

Section 47

「Photography Pro」で写真を撮影する

本体ソフトウェアの更新により、ミラーレス一眼並みの機能を持つ「Photography Pro」アプリが利用できます。通知のお知らせから、またはSec.74を参考に手動で本体ソフトウェアを更新してください。

写真を撮影する

1 本体ソフトウェア更新後、ホーム画面で<Photo Pro>をタップします。初回は「許可」画面や案内が表示されるので、画面の案内に従って操作します。

2 「Photography Pro」アプリが起動したら、レンズを被写体に向けてカメラキーを押すと、写真が撮影できます。なお、カメラキーは半押しにすることで、明るさ(AE)とフォーカス(AF)を固定することができます。画面をピンチ、もしくは音量キー／ズームキーでズームの調整ができます。

3 画面左端から右、もしくは右端から左にスワイプすると、キーアイコンが表示されるので、◀や◎をタップすると、「Photography Pro」アプリを終了することができます。

「Photography Pro」アプリの画面の見かた

1	撮影モード。Auto（オート）、P（プログラムオート）、S（シャッタースピード優先）、M（マニュアル露出）が選択できます。
2	設定メニューが表示されます。
3	ヒストグラムと水準器が表示されます。
4	レンズ切り替え。超広角（16mm）、標準（24mm）、望遠（70mm）が選択できます。
5	直前に撮影した写真がサムネイルで表示されます。
6	空き容量と現在の解像度が表示されます。
7	バッテリーの容量が表示されます。
8	現在の設定が表示されます。
9	▼を左右にドラッグして露出補正の値を設定できます。
10	AFを固定します。
11	露出を固定します。
12	ドライブモード。「連写」「セルフタイマー」などの撮影方法を指定できます。
13	フォーカスモード。オートフォーカスの種類や、マニュアルフォーカスを選択できます。
14	フォーカスエリア。ピント合わせの位置を変更できます。
15	露出補正。9で設定した露出補正値が表示されます。
16	ISO感度。ISO感度を設定できます。
17	測光モード。測光方法を変更できます。
18	フラッシュモード。フラッシュの発光方法を設定できます。
19	ホワイトバランス。オート(AWB)/曇天/太陽光/蛍光灯/電球/日陰に加えて、カスタムホワイトバランスを3つ設定できます。
20	顔検出/瞳AF設定。顔検出/瞳AF設定のオン／オフが設定できます。
21	LOCK。誤操作防止のために設定をロックできます。

MEMO

「Photography Pro」アプリでできること

上記のように、「Photography Pro」は、本格的なカメラ並みのきめ細かいマニュアル設定ができるアプリです。また、「Photography Pro」アプリを使うことで、「カメラ」アプリではできない、最高20コマ/秒のAF/AE追従高速連写が可能になります。

撮影モード

撮影モードはP(プログラムオート)、S（シャッタースピード優先)、M（マニュアル露出)、AUTOの4つ。Mモードでは、露出（明るさ）も自由に設定できるので、星空や花火も撮影できます。レンズが絞り固定のため、A（絞り優先）モードはありません。

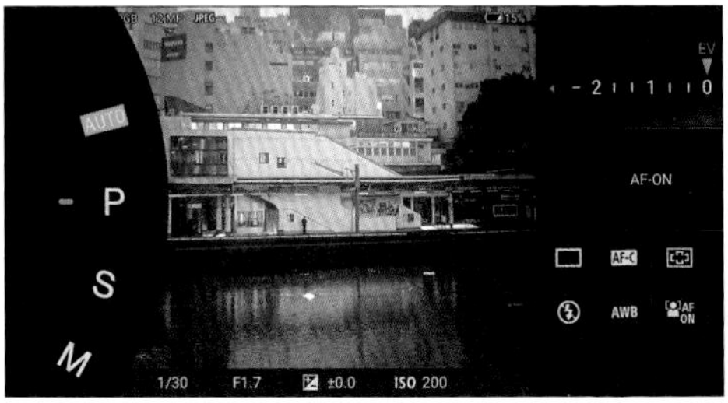

●各モードで操作できる露出機能

	シャッタースピード	ISO感度	露出補正
Pモード	×	○	○
Sモード	○	×	○
Mモード	○	○	○
AUTO	×	×	×

フォーカスモード

フォーカスモードはAF-CとAF-S、MFの3つ。AF-Cは、撮影ボタンを半押ししている間、ずっと被写体にピントが合い続け、深く押すと撮影されます。ピントが合っている部分は、小さい緑の四角（測距点）で示されます（24mmレンズのみ)。

AF-Sでは、撮影ボタンを半押しするか、AF-ONをタップしたときにピントと露出が固定されます。ピントを固定したまま動かすことで、構図を変更できます。また、画面をタップすると、ピントを合わせる場所（測距枠）を指定することができます。

レンズとズーム

超広角（16mm）、標準（24mm）、望遠（70mm）の3つのレンズを切り替えて使えます。ただし、ピントが合った部分（測距点）が表示されるのは、レンズが24mmでかつズームしていないときだけです。

レンズ選択時に>をタップすると、画面を上下にドラッグしてズームすることができます。ただし、ソフトウェアで拡大処理しているため、ズームインするほど画質が劣化します。

ドライブモード

ドライブモードで「連続撮影：Hi」を選択すると、最大20コマ/秒のAF/AE追従高速連写が可能です（24mmレンズのみ）。瞳AFと連写を同時に使うこともできます。

MEMO ファイル形式

2020年12月時点では、写真のファイル形式はJPEG形式とRAW形式の2種類で保存できます。RAW形式を選択すれば、未加工の状態で写真を保存することができるので、LightroomなどのRAW現像ソフトを使ってより高度な編集を行うことができます。

Section 48

「Cinematography Pro」で動画を撮影する

映画のような本格的な動画を撮影したい場合は、「Cinematography Pro」アプリで動画を撮影しましょう。撮影した複数のClipをつなげて、1つのフィルムに仕上げることもできます。

動画を撮影する

6

1 ホーム画面で<Cinema Pro>をタップします。Cinematography Proの説明画面が表示されたら、<次へ>を3回タップし、<了解>をタップします。アクセス許可が表示されたら、<許可>をタップします。

2 撮影画面が表示されます。動画を撮影する場合は、<REC>をタップします。

3 「REC」の周りの円が赤くなり、撮影が開始されます。もう一度<REC>をタップすると、撮影が終了します。撮影した動画は「フォト」アプリなどから再生できます。

設定を変更する

1 設定を変更するには、P.144手順②の画面の右側の項目をそれぞれタップして設定します。ここでは、明るさを調整するので、＜Shutter＞をタップします。

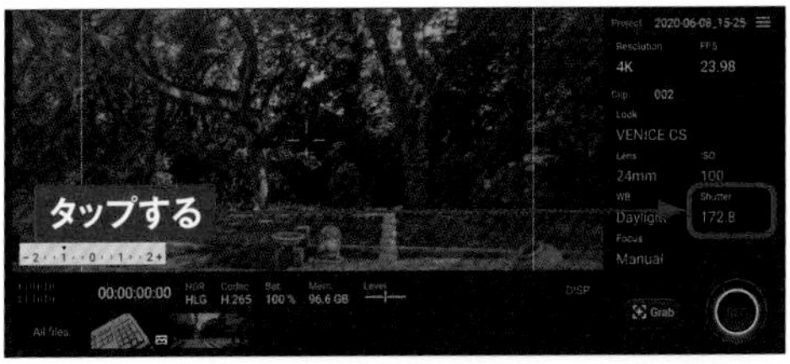

2 シャッター角度を変更します。上下にスライドして数値を選択します。ここでは、＜360.6(1/24)＞をタップします。なお、シャッター角度調整による明るさは、室内外や天気、時間帯によって変わるので、状況に応じて調整をしましょう。

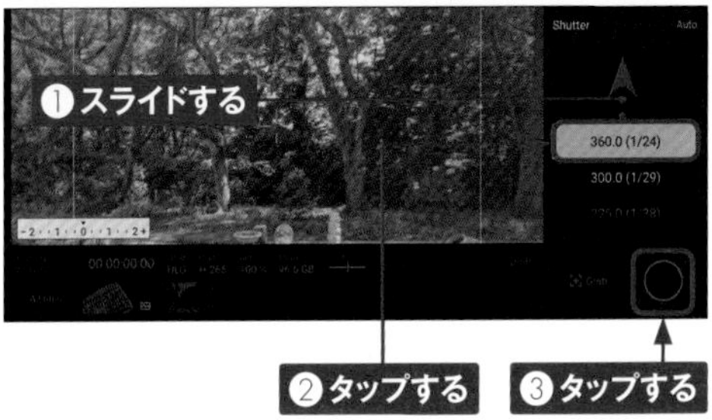

3 手順①の画面に戻ります。＜REC＞をタップして、動画を撮影します。撮影した動画はClipとして保存されます。＜All Files＞をタップすると、Clipをトリミングしたり、複数のClipをFilmにまとめたりできます。

MEMO

そのほかの設定項目

「Shutter」によるシャッター角度以外にも、さまざまな設定を行うことができます。「Look」では撮影色を、「Lens」ではレンズの変更を、「ISO」ではISO感度を、「WB」ではホワイトバランスを、「Focus」ではマニュアル/AFをそれぞれ設定できます。また、Project FPSとFPSを別の値にすることで、スローモーション動画を撮影することもできます。たとえば、Resolution：2K、Project FPS：23.98、FPS：120では、5倍のスローモーション動画になります。

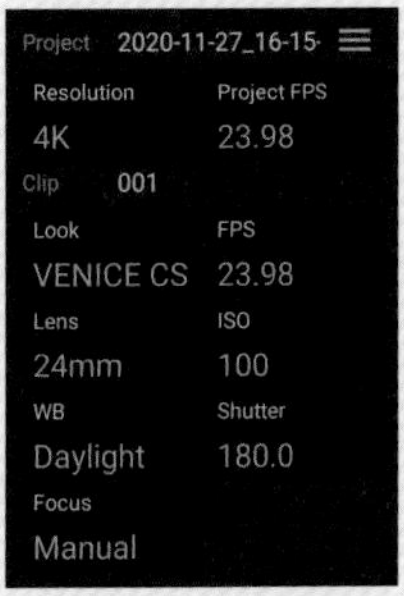

写真や動画を閲覧する

撮影した写真や動画は、「フォト」アプリで閲覧することができます。「フォト」アプリは、閲覧だけでなく、自動的にクラウドストレージに写真をバックアップする機能も持っています。

「フォト」アプリで写真や動画を閲覧する

1 ホーム画面で、<フォト>をタップします。

2 バックアップ（P.149参照）をオンにするか訊かれますが、ここでは<バックアップしない>をタップします。

3 本体のカメラで撮影した写真や動画が表示されます。動画には時間が表示されています。閲覧したい写真をタップします。

4 写真が表示されます。拡大したい場合は、写真をダブルタップします。また、タップすることで、メニューの表示／非表示を切り替えることができます。

5 写真が拡大されました。P.146手順③の画面に戻るときは、← をタップします。

6 P.146手順③で動画をタップすると、動画が再生されます。再生を止めたいときなどは、動画をタップします。

7 メニューが表示され、動画の再生を一時停止したり、再生位置を変更することができます。

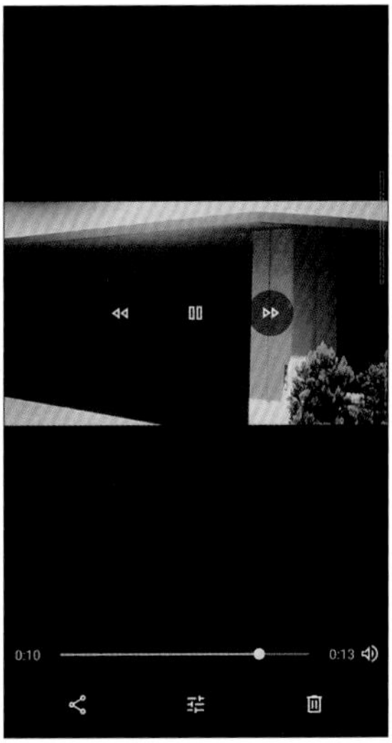

MEMO パソコンからコピーした写真の閲覧

Sec.42の方法でコピーした写真は、P.146手順③の画面右下にある<ライブラリ>をタップして、コピーしたフォルダ名をタップすると閲覧できます。また、スクリーンショット（Sec.65参照）もここで閲覧できます。

6

写真や動画を削除する

1 P.146手順③の画面で、削除したい写真をロングタッチします。

2 写真が選択されます。このとき、日にち部分をタップする、もしくは手順①で日にち部分をロングタッチすると、同じ日に撮影した写真や動画をまとめて選択することができます。🗑をタップします。

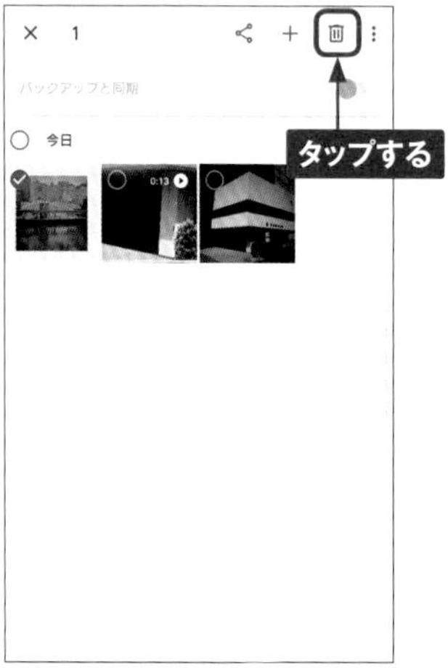

3 <ゴミ箱に移動>をタップします。

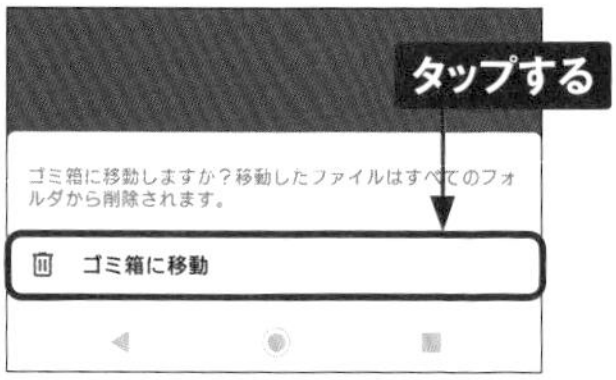

4 写真が削除されます。削除直後に表示される<元に戻す>をタップすると、削除がキャンセルされます。

MEMO 削除した写真や動画を復元する

このページの方法で写真を削除すると、写真は一旦ゴミ箱に移動し、60日後に完全に削除されます。削除した写真を復元したい場合は、手順①で<ライブラリ>→<ゴミ箱>をタップし、復元したい写真をロングタッチして選択し、<復元>をタップします。なお、ゴミ箱の容量は1.5GBで、それを超えると、古いものから削除されます。

写真をクラウドに保存する

1 P.146手順③の画面で、画面右上のアカウント部分をタップします。

2 ＜バックアップをオンにする＞をタップします。

3 ＜元のサイズ＞または＜高画質＞をタップして、＜確認＞をタップします。

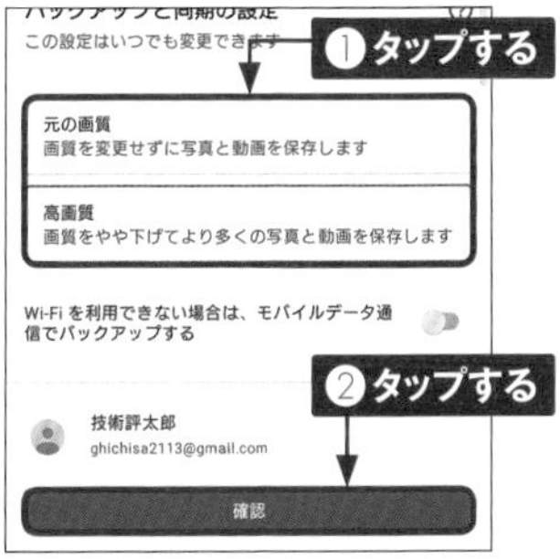

4 本体内にある写真がクラウドに保存されます。これ以降、撮影した写真や動画が自動保存されます(標準ではWi-Fi接続中)。P.148の操作では、本体とクラウドから写真が削除（ゴミ箱に移動）されますが、＜空き容量を増やす＞をタップすると、本体のみから削除され、クラウドには残ります。

MEMO 「高画質」と「元のサイズ」の違い

手順③の＜高画質＞を選択すると、保存される写真は圧縮され、16Mピクセル以上の写真は16Mピクセルまで縮小されます。動画は1080pより大きい場合は、1080pに調整されます。ただし、無制限に写真や動画を保存することができます。一方、＜元のサイズ＞はオリジナルのまま保存できますが、保存できる容量は、Googleドライブの容量の上限までとなります(無料で15GB)。

Google Lensで写真の情報を調べる

1 情報を調べたい写真を表示し、をタップします。

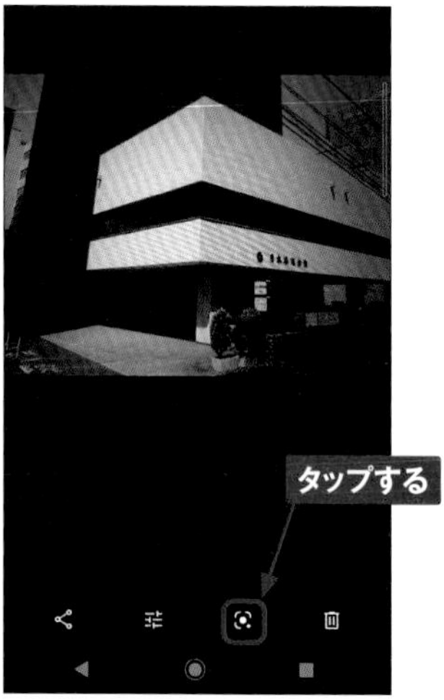

2 写真の情報を元にした検索結果が表示されます。画面を上方向にスワイプします。

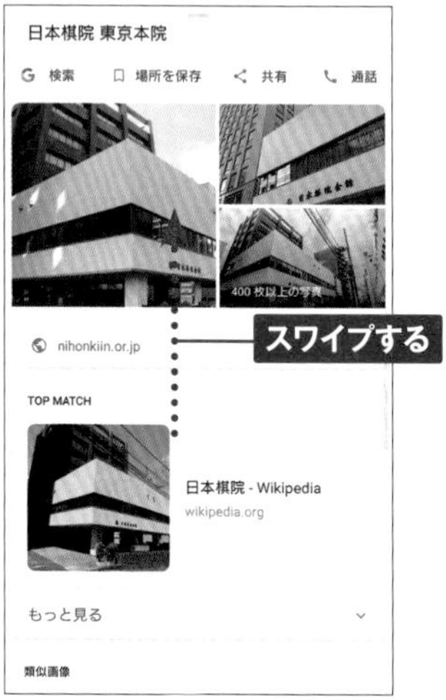

3 検索結果の詳細が表示されます

4 画面を下方向へスワイプし、画面左上のXをタップします。Google Lensが終了し、手順①の画面に戻ります。

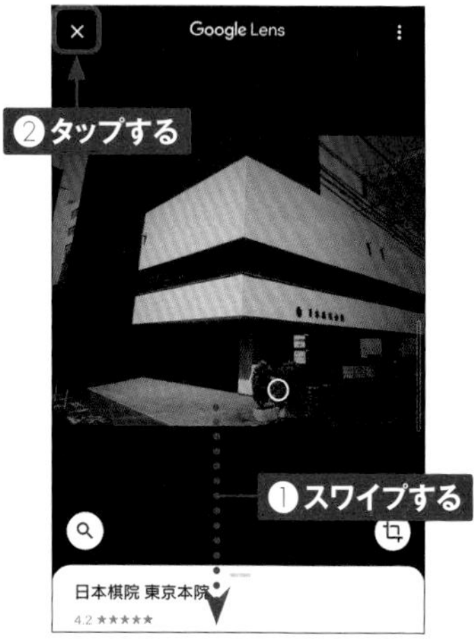

Chapter 7

便利な機能を使ってみる

Section 50

ホーム画面をカスタマイズする

アプリアイコンは、「アプリフォルダ」画面からホーム画面へ移動したり、ホーム画面から「アプリフォルダ」画面に戻したりできます。フォルダを作成して複数のアプリアイコンをまとめることもできます。

アプリアイコンをホーム画面に移動する

① P.20手順①を参考にアプリ一覧画面を表示し、移動したいアプリアイコンをロングタッチし、<ホーム画面に追加>をタップします。

② アプリアイコンがホーム画面上に表示されます。

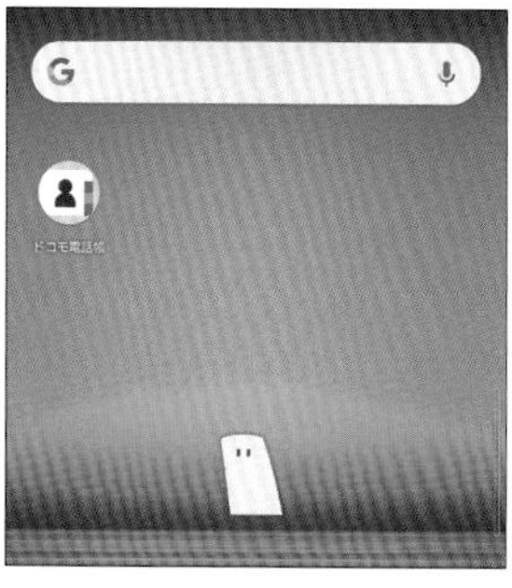

③ ホーム画面のアプリアイコンをロングタッチします。

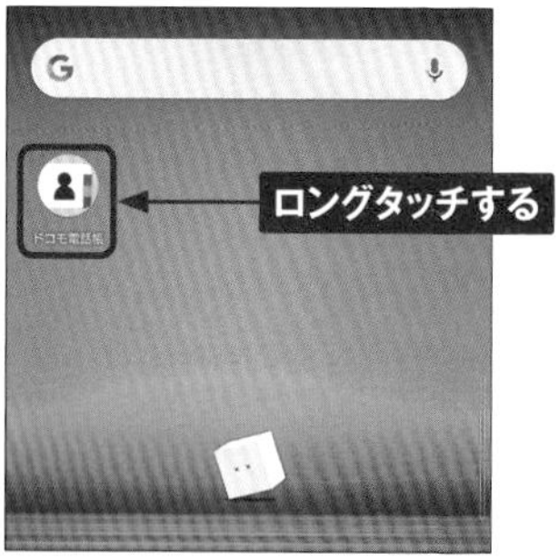

④ ドラッグして、任意の位置に移動することができます。左右のホーム画面に移動することも可能です。

アプリアイコンをアプリ一覧画面に戻す

① ホーム画面で、「アプリフォルダ」画面に戻したいアプリアイコンをロングタッチします。

② <削除>までドラッグします。

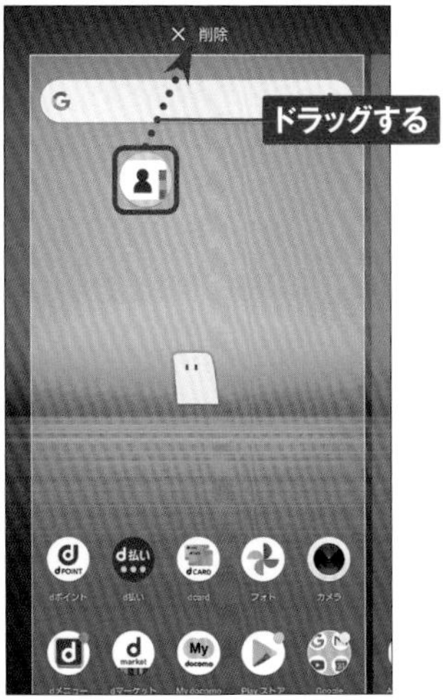

③ ホーム画面上からアプリアイコンが削除されます。

④ P.20手順①を参考にアプリ一覧画面を表示し、アプリアイコンが戻ったことを確認します。

フォルダを作成する

1 ホーム画面でフォルダに収めたいアプリアイコンをロングタッチします。

2 同じフォルダに収めたいアプリアイコンの上にドラッグします。

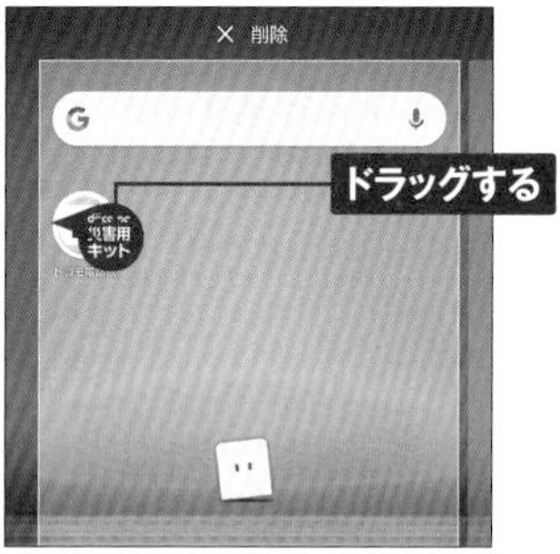

3 確認画面が表示されるので、<作成する>をタップします。

4 フォルダが作成されます。<フォルダ>をタップします。

5 フォルダが開いて、中のアイコンが表示されます。フォルダ名をタップして任意の名前を入力し、✓をタップすると、フォルダ名を変更できます。

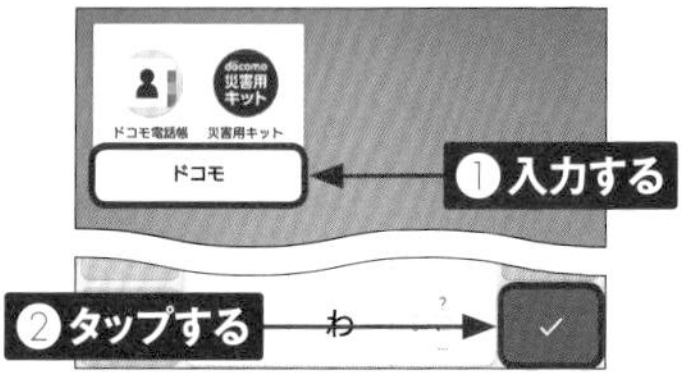

MEMO ドックのアイコンの入れ替え

ホーム画面下部にあるドックのアイコンは、入れ替えることができます。アイコンを任意の場所にドラッグし、かわりに配置したいアプリのアイコンを移動します。

ホームアプリを変更する

① P.20を参考にアプリ一覧画面を表示し、<設定>をタップします。

② <アプリと通知>→<標準のアプリ>→<ホームアプリ>の順にタップします。

③ 好みのホームアプリをタップします。ここでは<Xperiaホーム>をタップします。

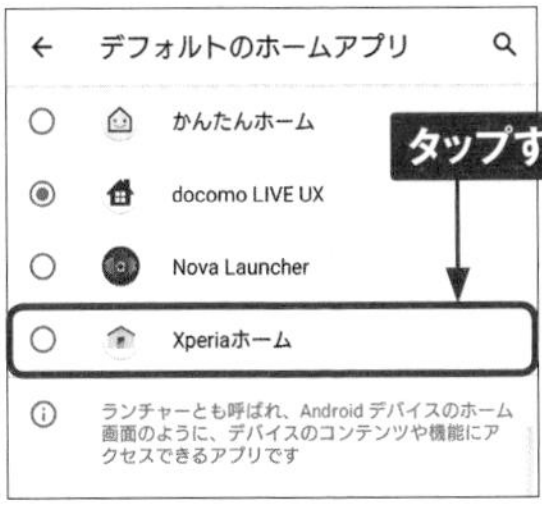

④ ホームアプリが「Xperiaホーム」に変更されます。なお、標準のホームアプリに戻すには、手順③の画面で<docomo LIVE UX>をタップします。

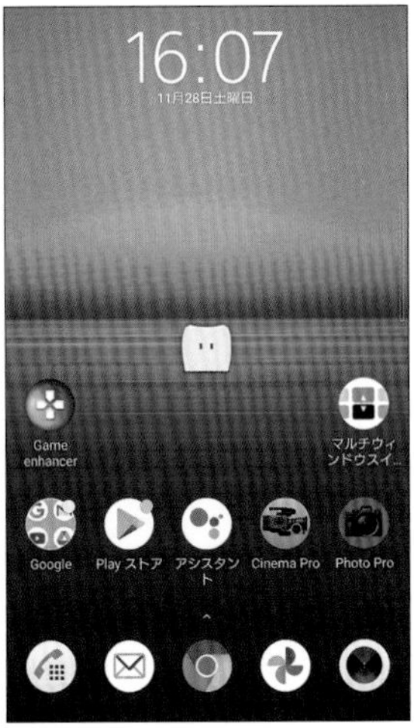

MEMO かんたんホーム

「かんたんホーム」は、基本的な機能や設定がわかりやすくまとめられたホーム画面です。「かんたんホーム」からもとのホーム画面に戻すには、<設定>→<ホーム切替>→<OK>→<docomo LIVE UX>の順にタップします。

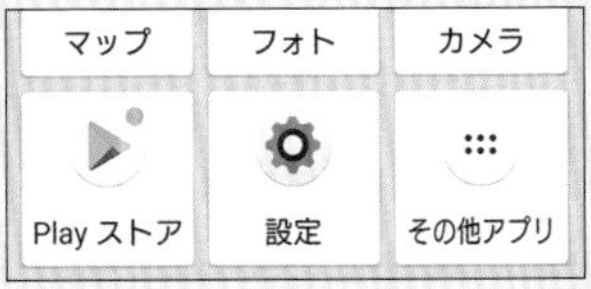

7

Section 51

ロック画面に通知を表示しないようにする

ロック画面に通知を表示させたくない場合は、<ロック画面上の通知>をタップして設定を変更します。また、アプリごとに通知方法を細かく設定することも可能です（Sec.52参照）。

ロック画面に通知を表示しないようにする

1 P.20を参考に「設定」アプリを起動し、<アプリと通知>→<通知の設定>の順にタップします。

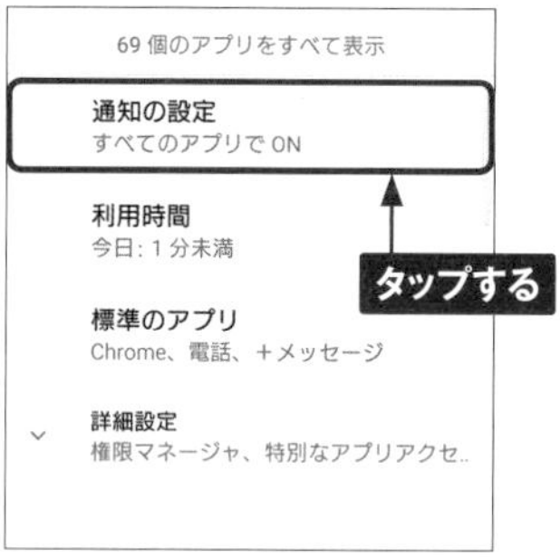

2 <ロック画面上の通知>をタップします。

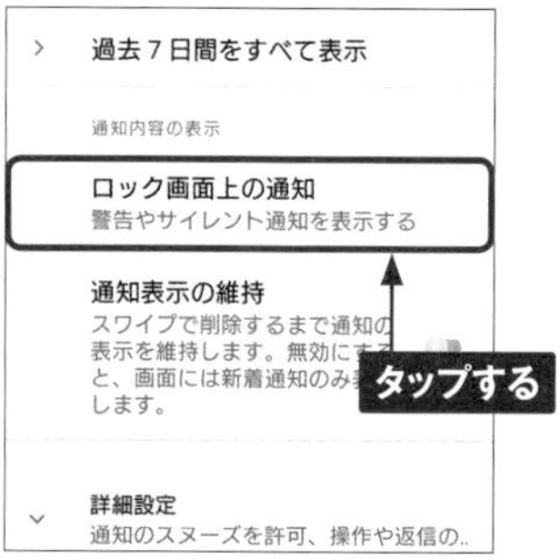

3 <通知を表示しない>をタップします。

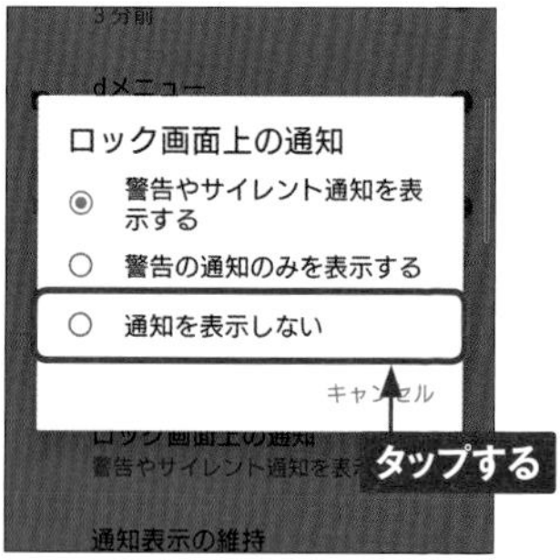

4 「通知を表示しない」と表示されると、ロック画面に通知が表示されなくなります。

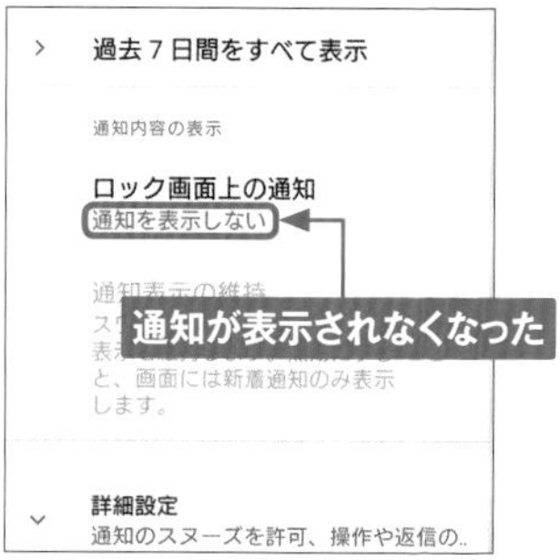

Section 52

不要な通知を表示しないようにする

通知はホーム画面やロック画面に表示されますが、アプリごとに通知のオン／オフを設定することができます。また、通知パネルから通知を選択して、通知をオフにすることもできます。

アプリの通知をオフにする

① P.20を参考に「設定」アプリを起動し、<アプリと通知>→<○個のアプリをすべて表示>の順にタップします。

② アプリの一覧が表示されます。通知をオフにしたいアプリ（ここでは<+メッセージ>）→<通知>の順にタップします。

③ 選択したアプリの通知に関する設定画面が表示されるので、<通知の表示>をタップします。

④ がになり、「+メッセージ」アプリからの通知がオフになります。なお、アプリによってはオフにできないものもあります。

MEMO **通知パネルでの設定変更**

通知パネルで通知をオフにしたい場合は、ステータスバーを下方向にドラッグし、通知をロングタッチして、<通知をOFFにする>をタップして →<適用>をタップするとそのアプリからの通知がオフになります。

Section 53

画面ロックを設定する

他人に使用されないように、「ロックNo.」（暗証番号）を使用して画面にロックをかけることができます。なお、ロック状態のときの通知をあとから変更する場合は、Sec.51を参照してください。

画面ロックに暗証番号を設定する

① P.20を参考に「設定」アプリを起動し、＜セキュリティ＞→＜画面のロック＞の順にタップします。

② ＜ロックNo.＞をタップします。「ロックNo.」とは画面ロックの解除に必要な暗証番号のことです。

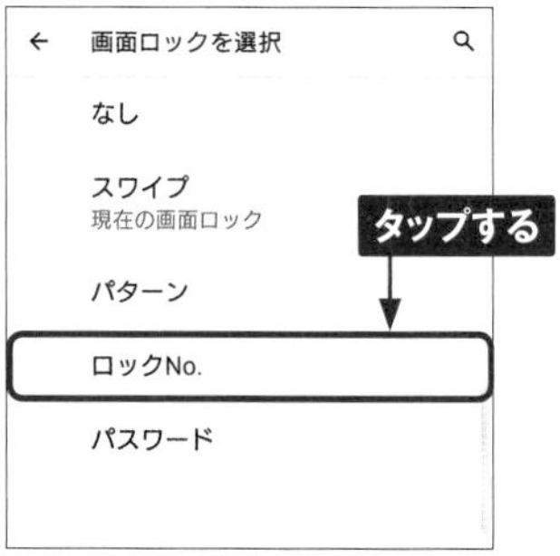

③ 12キーで4桁以上の数字を入力し、＜次へ＞をタップして、次の画面でも再度同じ数字を入力し、＜確認＞をタップします。

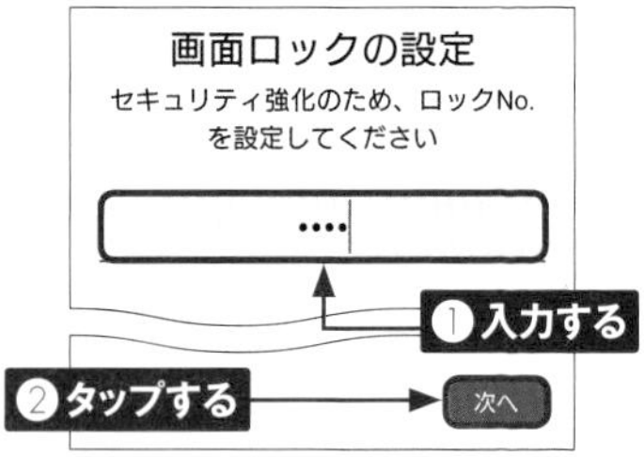

④ ロック時の通知についての設定画面が表示されます。表示する内容をタップしてオンにし、＜完了＞をタップすると、設定完了です。

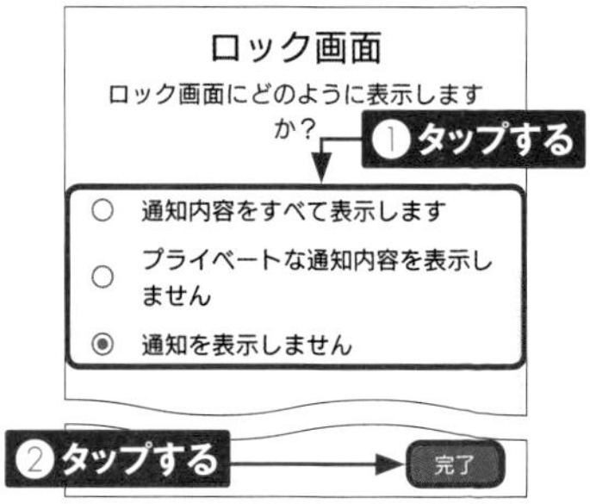

暗証番号で画面のロックを解除する

① スリープモード（Sec.03参照）の状態で、電源キー／画面ロックキーを押します。

② ロック画面が表示されます。画面を上方向にスワイプします。

③ P.158手順③で設定した暗証番号（ロックNo.）を入力し、をタップすると、画面のロックが解除されます。

MEMO 暗証番号の変更

設定した暗証番号を変更するには、P.158手順①で<画面のロック>をタップし、現在の暗証番号を入力してをタップします。表示される画面で<ロックNo.>をタップすると、暗証番号を再設定できます。初期状態に戻すには、<スワイプ>→<削除する>の順にタップします。

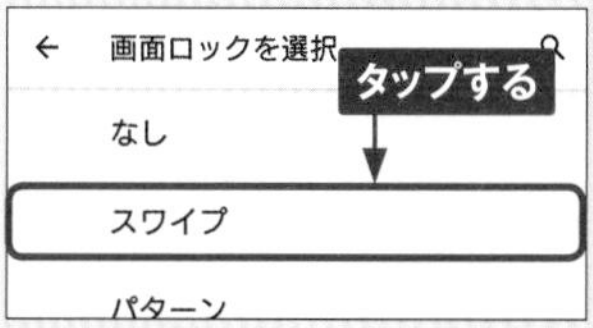

Section 54

指紋認証で画面ロックを解除する

Xperia 5 IIには、電源キー／画面ロックキーに指紋センサーが搭載されています。指紋を登録することで、ロックをすばやく解除できるようになります。

指紋を登録する

① P.20を参考に「設定」アプリを起動し、<セキュリティ>をタップします。

② <指紋設定>をタップします。

③ 「指紋によるロック解除」が表示されたら、<次へ>をタップします。画面ロックが設定されていない場合は「画面ロックを選択」画面が表示されるので、Sec.53を参考に設定します。画面ロックを設定している場合は入力画面が表示されるので、Sec.53で設定した方法で解除します。

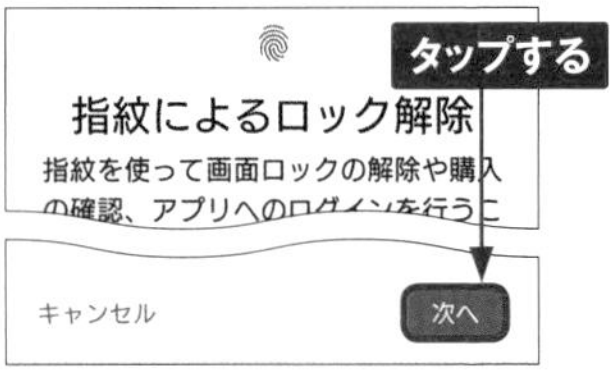

④ センサーの説明が表示されるので、<次へ>をタップします。

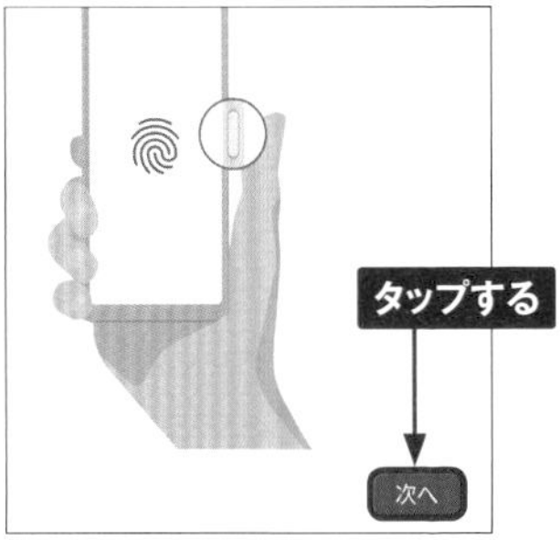

5 いずれかの指を電源キー／画面ロックキー／指紋センサーの上に置くと、指紋の登録がはじまります。画面の指示に従って、指をタッチする、離すをくり返します。

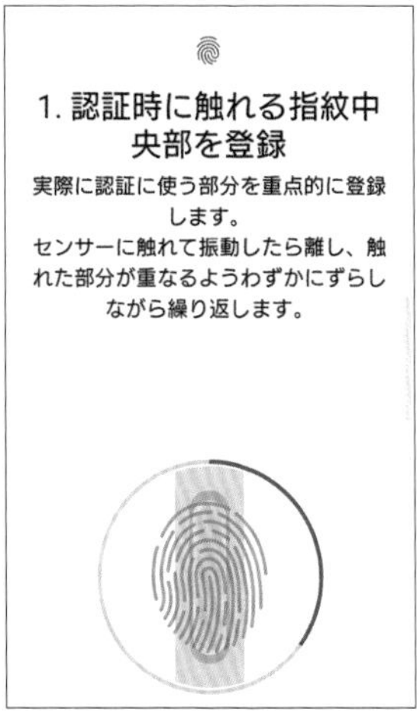
1. 認証時に触れる指紋中央部を登録
実際に認証に使う部分を重点的に登録します。
センサーに触れて振動したら離し、触れた部分が重なるようわずかにずらしながら繰り返します。

6 チェックマークが表示されたら、＜完了＞をタップします。なお、＜他の指紋を追加＞をタップすると、複数の指の指紋を登録することができます。

を使用できます
タップする
他の指紋を追加
完了

7 スリープモードの状態で、手順⑤で登録した指で電源キー／画面ロックキー／指紋センサーをタッチすると、ロックが解除されます。

タッチする

MEMO

dアカウントに指紋認証を登録する

dアカウントに指紋を設定すると、パスワードを入力するかわりに指紋認証を使うことができます。指紋を設定したあと、「設定」アプリで<ドコモのサービス／クラウド>→<dアカウント設定>→<生体認証または画面ロックで認証>の順にタップし、画面の説明に従って設定しましょう。なお、生体認証を登録する際には、dアカウントのパスワードとネットワーク暗証番号（P.40参照）が必要になります。

クイック設定ツールを利用する

設定の一部は、クイック設定ツールから行えます。使わない機能をオフにすることでバッテリーの節約になる場合もあるので、確認しておきましょう。

クイック設定ツールを利用する

1 ステータスバーを2本指で下方向にドラッグします。

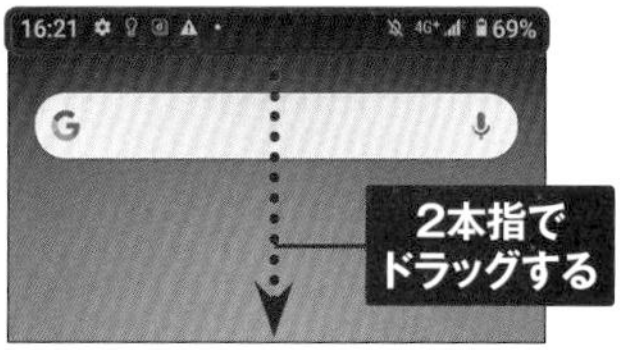

2 クイック設定ツールが表示されます。アイコンをタップすることで、機能のオン／オフや設定が行えます（右のMEMO参照）。

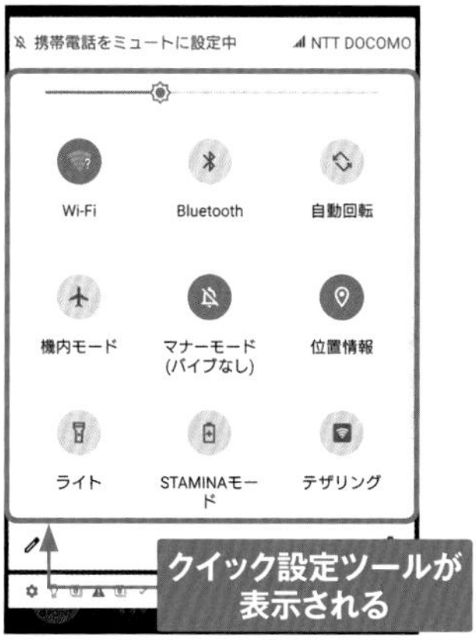

MEMO クイック設定ツールで管理できるおもな機能

クイック設定ツールで管理できるおもな機能は以下の通りです。タップして機能のオン／オフを切り替えることができます。

	Wi-Fi機能を設定、オン／オフにします。
	Bluetooth機能を設定、オン／オフにします。
	画面の自動回転をオン／オフにします。
	マナーモードを設定します。
	位置情報機能をオン／オフにします。
	背面のフォトライトをオン／オフにします。
	機内モードをオン／オフにします。
	STAMINAモードのオン／オフなど、バッテリーの設定を行います。
	Wi-Fiテザリングをオン／オフにします。
	画面の明るさを調整します。

クイック設定ツールをカスタマイズする

① P.162を参考にクイック設定ツールを表示し、✎をタップします。

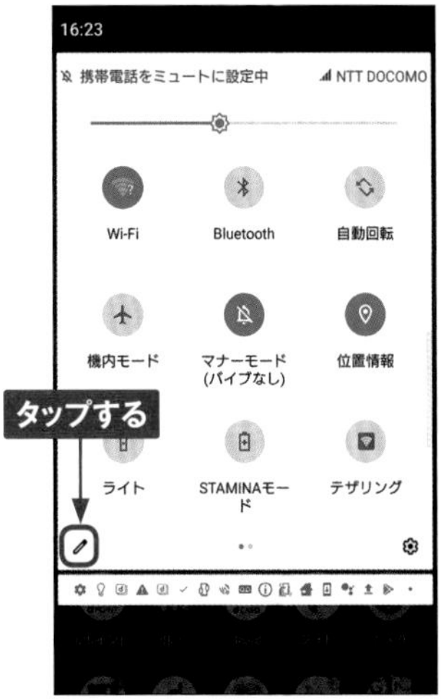

② アイコンを削除するには、クイック設定ツールのアイコンをロングタッチして「削除するにはここにドラッグ」までドラッグします。

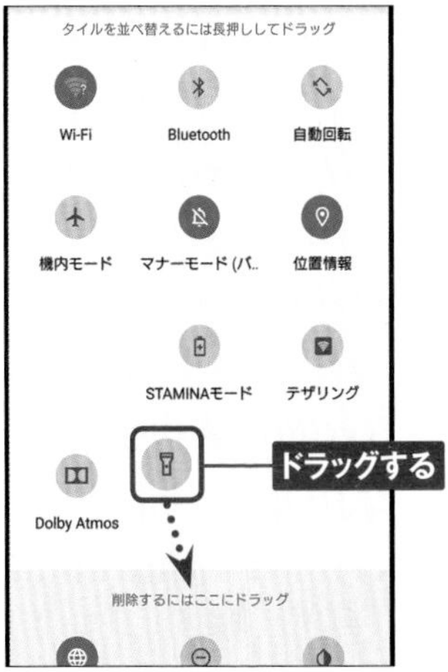

③ アイコンを追加するには、「タイルを追加するには長押ししながらドラッグ」にあるアイコンをロングタッチして、クイック設定ツールにドラッグします。

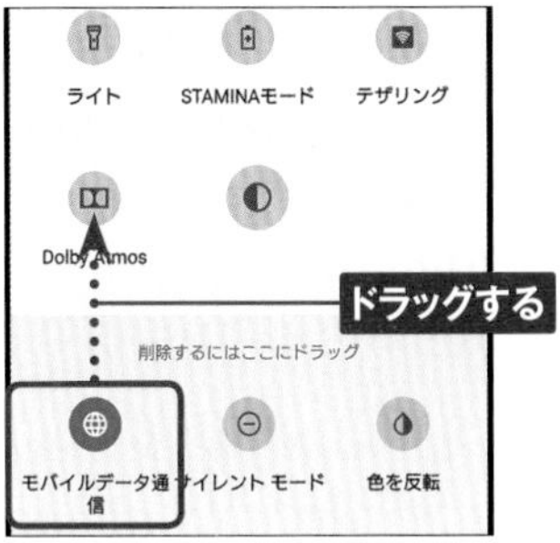

④ アイコンの並び順を変えるには、アイコンをロングタッチして、移動したい箇所までドラッグします。

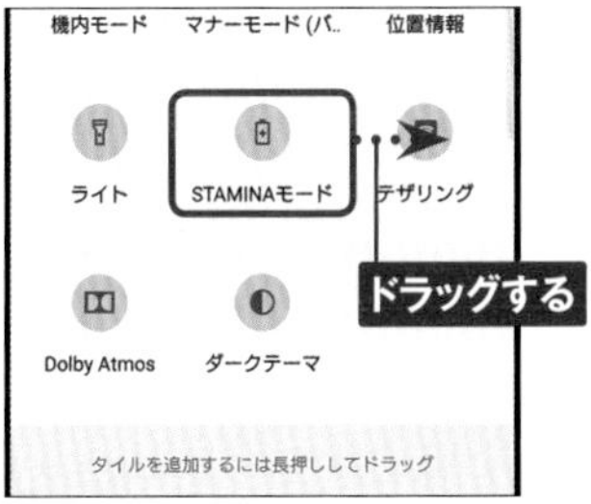

⑤ ←をタップすると、カスタマイズが完了します。

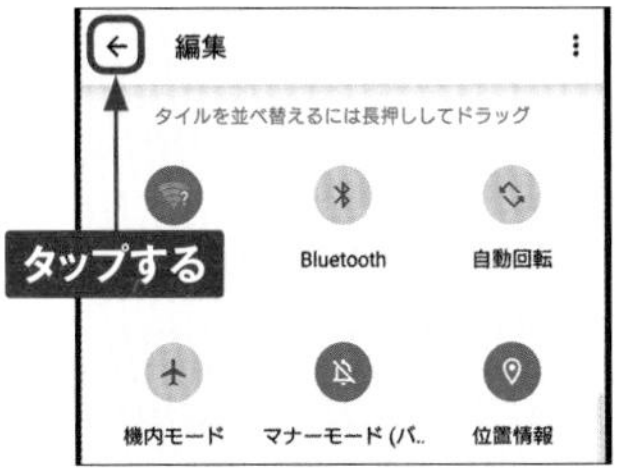

Section 56

サイドセンスで操作を快適にする

Xperia 5 IIには、「サイドセンス」という機能があります。画面の左右側面をダブルタップしてメニューを表示したり、スライドしてバック操作を行ったりすることが可能です。

サイドセンスをオンにする

1 P.20を参考に「設定」アプリを起動し、<画面設定>→<詳細設定>の順にタップします。

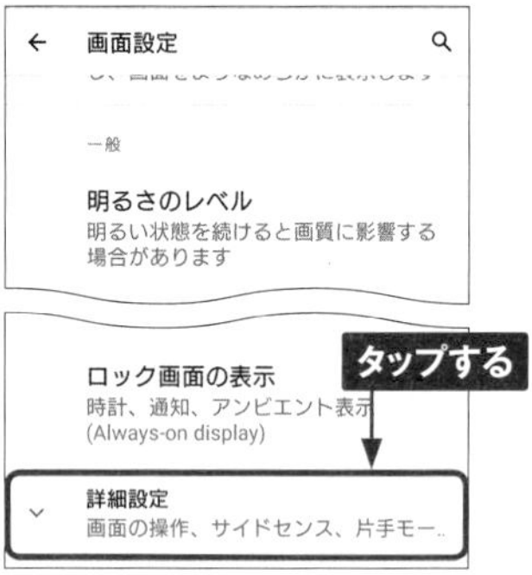

2 <サイドセンス>をタップします。

3 <ON>になっているか確認します。<OFF>になっている場合はタップして、 を にします。

MEMO サイドセンスの動作設定

手順③の画面で<操作性>をタップすると、ダブルタップの感度などを調整できます。また、<操作位置の設定>をタップすると、ダブルタップが有効な範囲の変更が可能です。

サイドセンスを利用する

① 画面外側の縁を、画面に対して45度の角度でダブルタップします。なお、ダブルタップが有効な範囲については、P.164MEMOを参照してください。初回は<始める>をタップします。

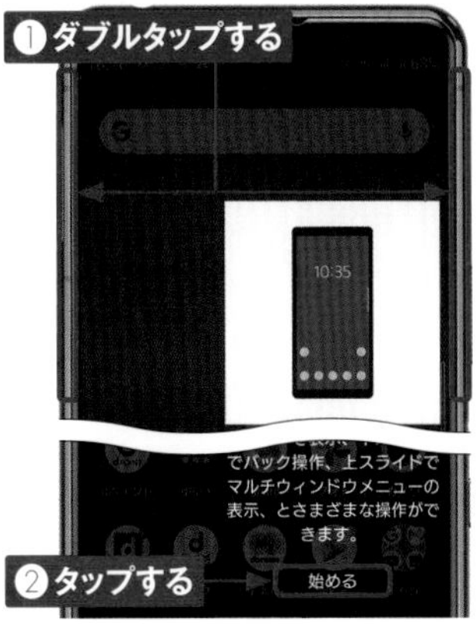

② サイドセンスメニューが表示されます。上下にドラッグして位置を調節し、起動したいアプリ（ここでは<設定>）をタップします。

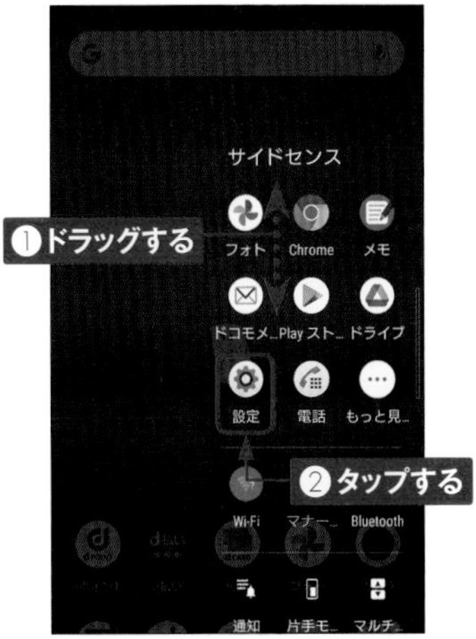

③ タップしたアプリが起動します。

MEMO サイドセンスのそのほかの機能

手順②の画面に表示されるサイドセンスメニューには、使用状況から予測されたアプリが自動的に一覧表示されます。そのほか、画面の外側の縁を下方向にスライドするとバック操作（直前の画面に戻る操作）になり、上方向にスライドすると「21：9マルチウィンドウ」メニュー（Sec.08参照）を表示します。

スリープモード時に画面に情報を表示する

Xperia 5 IIは、スリープモード時に画面に日時などの情報を表示できるアンビエント表示（Always-on display）に対応しています。写真や通知、再生中の曲情報なども表示できます。

アンビエント表示を利用する

1 P.20を参考に「設定」アプリを起動し、＜画面設定＞をタップします。

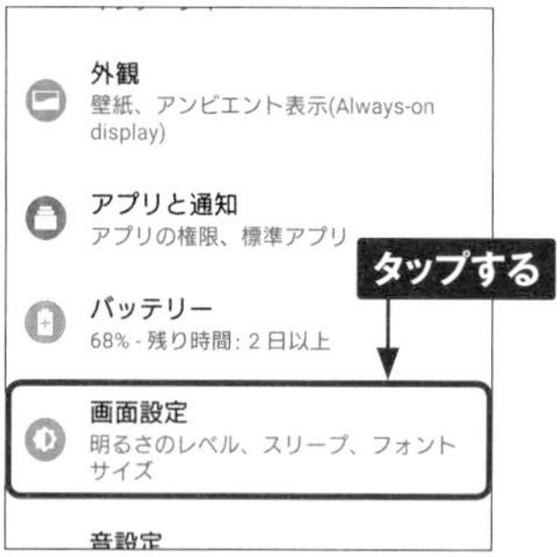

2 ＜ロック画面の表示＞をタップします。

3 ＜アンビエント表示＞→＜アンビエント表示のタイミング＞の順にタップします。

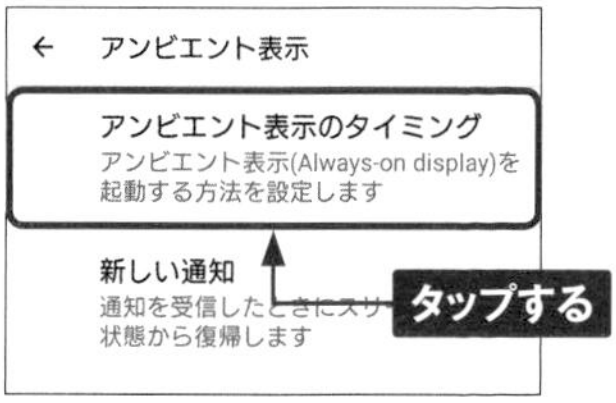

4 ＜常に有効＞＜スマート表示＞＜機器を持ち上げたときに起動＞のいずれか（ここでは＜常に有効＞）をタップします。←をタップします。

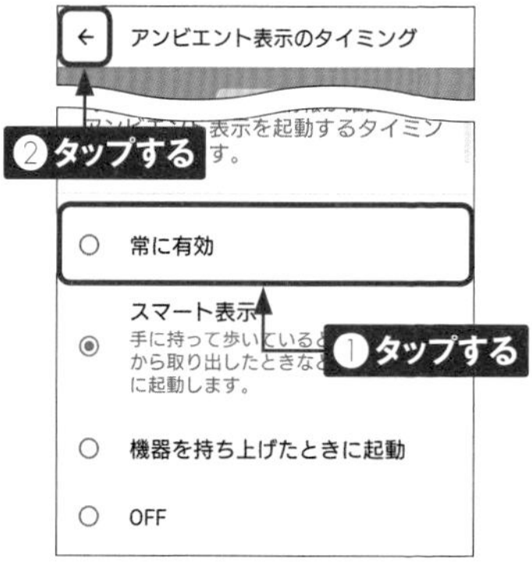

5 スリープモード時に画面にステッカーや写真を表示したい場合は、P.166手順③の画面で＜ステッカー＞をタップします。

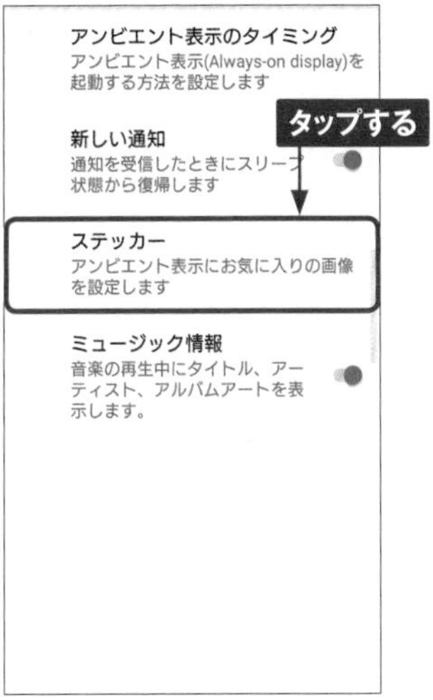

6 写真を表示したい場合は＜フォト＞をタップし、初回は＜許可＞をタップします。ステッカーを表示したい場合は任意のステッカーをタップします。

7 任意の写真をタップします。初回は＜許可＞をタップします。

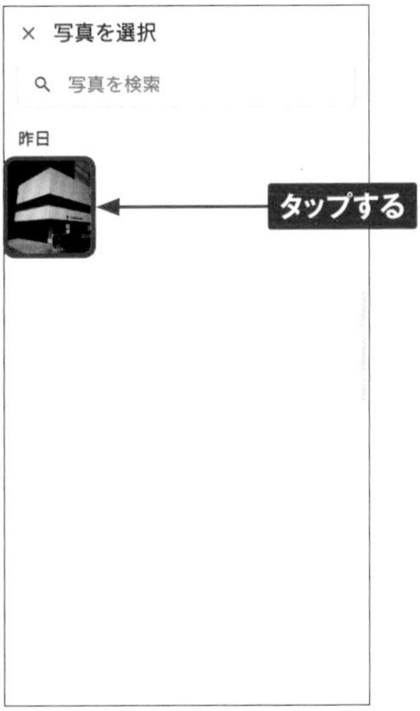

8 をドラッグして範囲を調整し、＜完了＞をタップします。

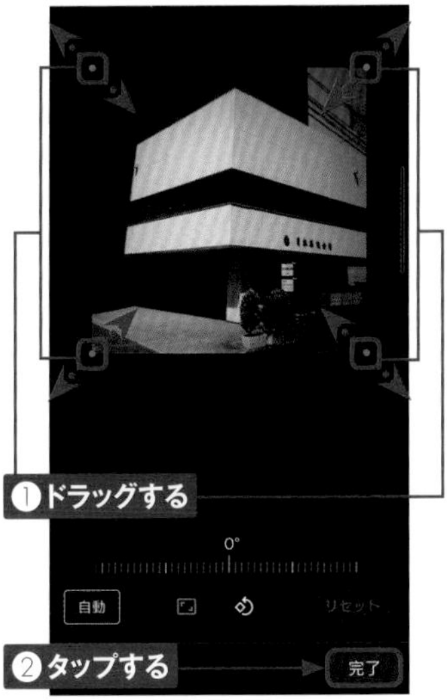

Section 58

スマートバックライトを設定する

スリープ状態になるまでの時間が短いと、突然スリープ状態になってしまって困ることがあります。スマートバックライトを設定して、手に持っている間はスリープ状態にならないようにしましょう。

スマートバックライトを利用する

① P.20を参考に「設定」アプリを起動し、<画面設定>→<詳細設定>の順にタップします。

② <スマートバックライト>をタップします。

③ スマートバックライトの説明を確認し、をタップして、にすると設定が完了します。本体を手に持っている間は、スリープ状態にならなくなります。

MEMO 画面の表示が消えるまでの時間の変更

スリープ状態になるまでの時間を変更するには、手順②の画面で<スリープ>をタップし、設定したい時間をタップします。

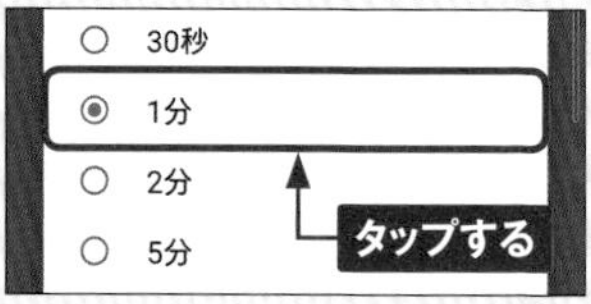

Section 59

ダークテーマを利用する

画面全体を黒を基調とした目に優しく、省電力にもなるダークテーマを利用することができます。ダークテーマに変更すると、対応するアプリもダークテーマになります。

ダークテーマに変更する

① P.20を参考に「設定」アプリを起動し、＜画面設定＞をタップします。

② ＜ダークテーマ＞をタップします。

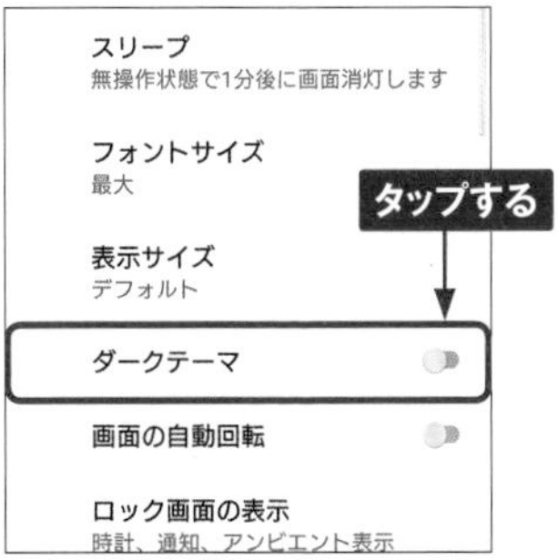

③ ＜OK＞をタップします。

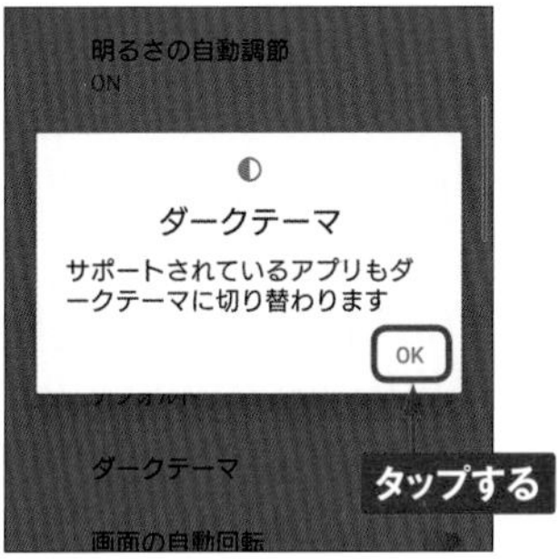

④ 画面全体が黒を基調とした色に変更されます。

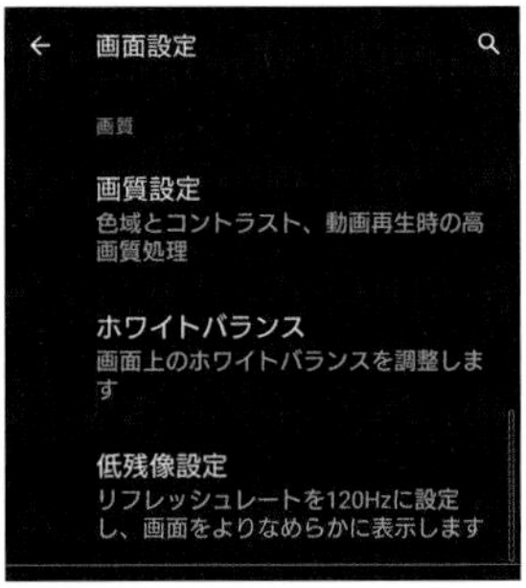

Section 60

表示サイズを変更する

画面の文字やアイコンが小さすぎて見にくいときは、表示サイズを変更しましょう。フォントサイズの変更（MEMO参照）と異なり、アプリのアイコンや画面のデザインも拡大表示されます。

表示サイズを変更する

1 P.20を参考に「設定」アプリを起動し、＜画面設定＞をタップします。

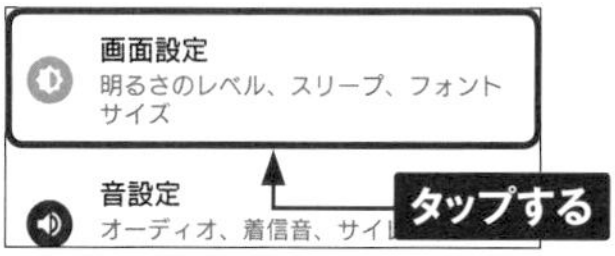

2 ＜表示サイズ＞をタップします。

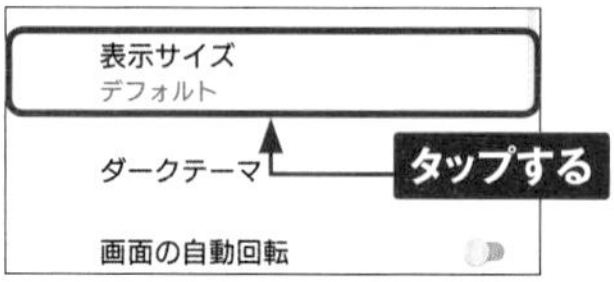

3 下部にあるスライダーを左右にドラッグして、サイズを変更します。表示結果は画面上で確認できます。

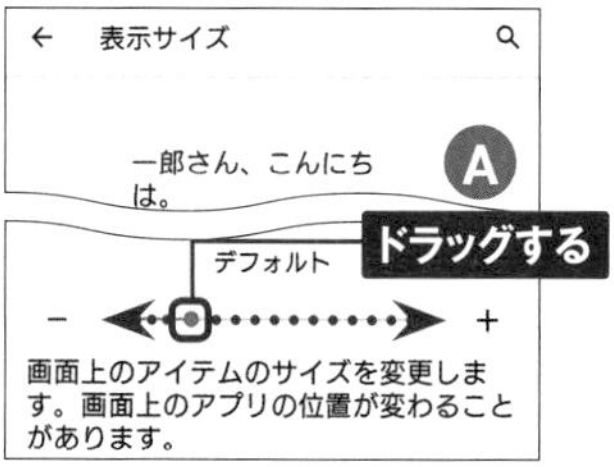

4 文字やアイコンなど、画面表示が全体的に拡大されます。ホーム画面などでは、アイコンの並びが変わることがあります。

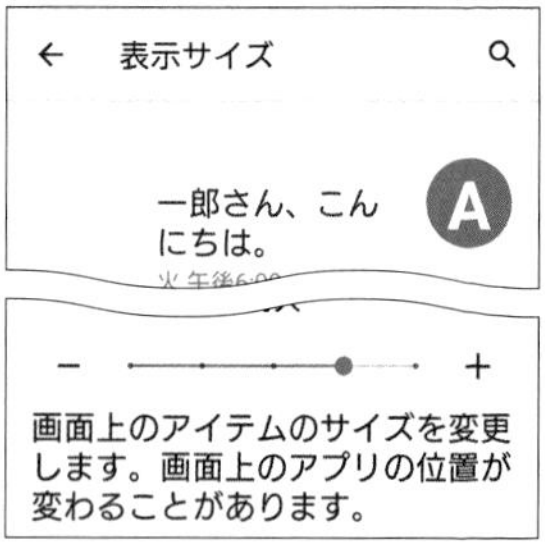

MEMO フォントサイズを変更する

文字の大きさだけを変更したいときは、手順②の画面で＜フォントサイズ＞をタップして、スライダーを左右にドラッグして設定します。

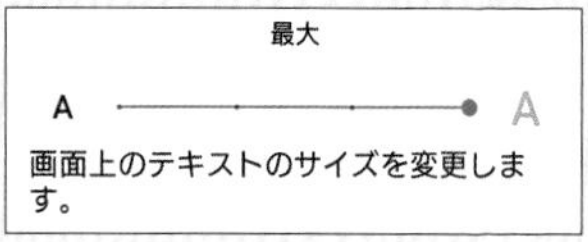

Section 61

画面の色合いを調整する

「ホワイトバランス」機能を使うと、画面表示を好みの色合いに調整することができます。画質設定（MEMO参照）のスタンダードモード／クリエイターモードそれぞれで、個別に調整できます。

ホワイトバランスで色調を変更する

① P.20を参考に「設定」アプリを起動し、<画面設定>→<ホワイトバランス>の順にタップします。

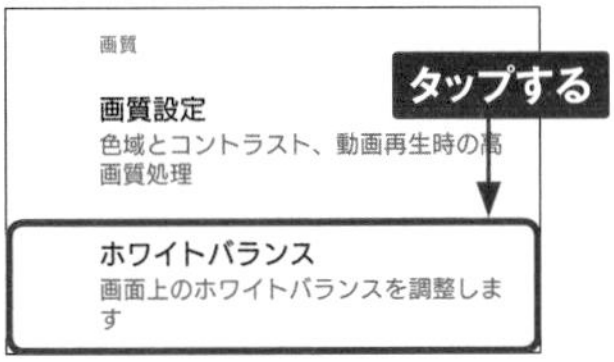

② <マニュアル設定>をタップして、を にします。

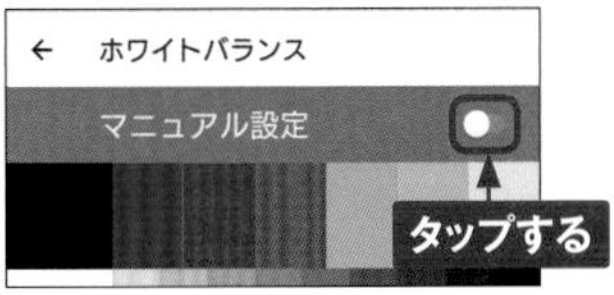

③ 標準では日本人の好む「寒色」に設定されています。<暖色>や<中間色>をタップすると、青色を抑えた色調になります。画面下部のスライダーをドラッグすると、より詳細な色調調整が可能です。

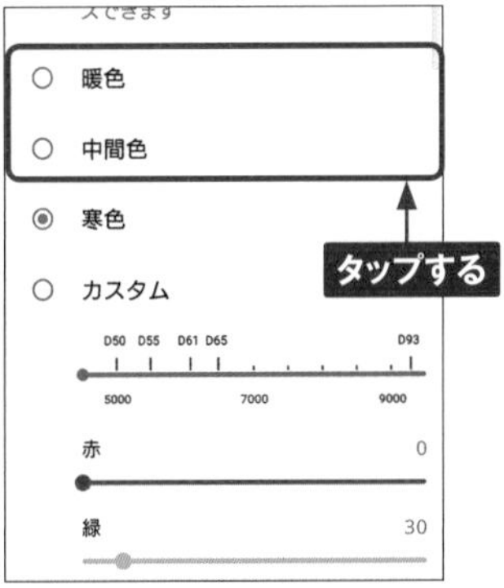

MEMO スタンダードモードとクリエイターモード

手順①の画面で<画質設定>をタップすると、2つの表示モードを切り替えることができます。ただし、広色域・高コントラストの「クリエイターモード」は、「Netflix」などの対応アプリでないと効果がありません。Xperia 5 IIIは、標準では「スタンダードモード」に設定されていて、対応アプリを起動すると、自動でクリエイターモードに切り替わるようになっています。

Section 62

ブルーライトをカットする

Xperia 5 IIには、ブルーライトを軽減できる「ナイトライト」機能があります。就寝時や暗い場所で操作するときに目の疲れを軽減できます。また、時間を指定してナイトライトを設定することも可能です。

指定した時間にナイトライトを設定する

1 P.20を参考に「設定」アプリを起動し、＜画面設定＞→＜詳細設定＞の順にタップして、＜ナイトライト＞をタップします。

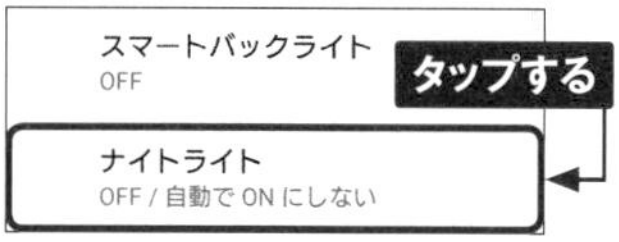

2 ＜今すぐONにする＞をタップします。

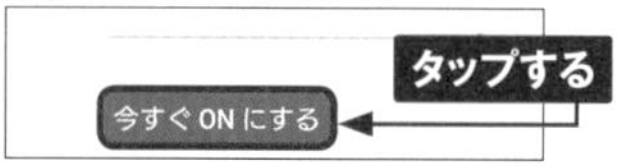

3 ナイトライトがオンになり、画面が黄色みがかった色になります。●を左右にドラッグして輝度を調整したら、＜スケジュール＞をタップします。

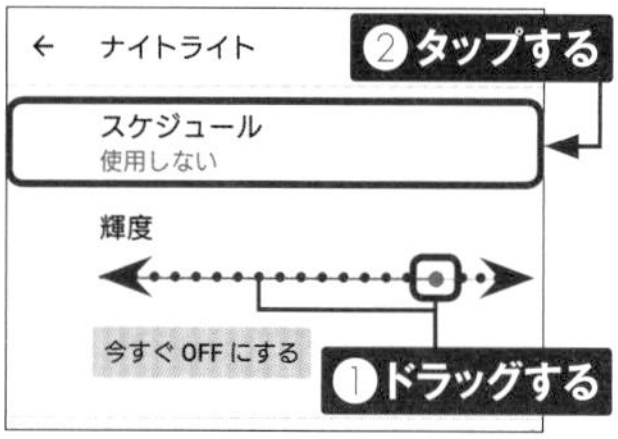

4 ＜指定した時刻にON＞をタップします。＜使用しない＞をタップすると、常にナイトライトがオンのままになります。

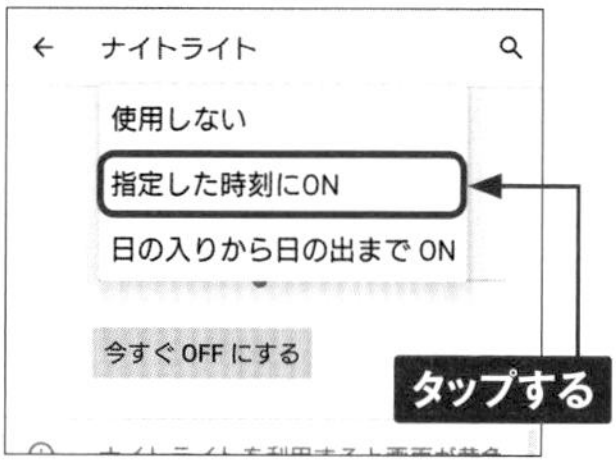

5 ＜開始時刻＞と＜終了時刻＞をタップして設定すると、指定した時間のみ、ナイトライトがオンになります。

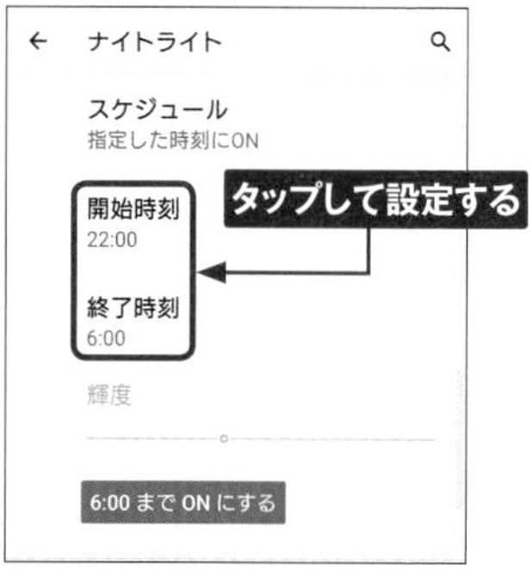

Section 63

片手で操作しやすくする

Xperia 5 IIには「片手モード」という機能があり、片手で操作しやすいように画面の表示を変更できます。利き手に合わせて設定は変更できます。

片手モードで表示する

① P.164を参考に、あらかじめサイドセンスをオンにしておきます。画面外側の縁をダブルタップします。

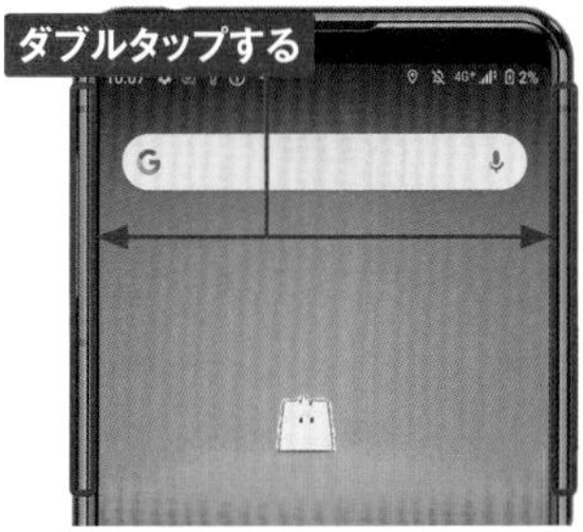

② サイドセンスメニューが表示されるので、<片手モード>をタップします。

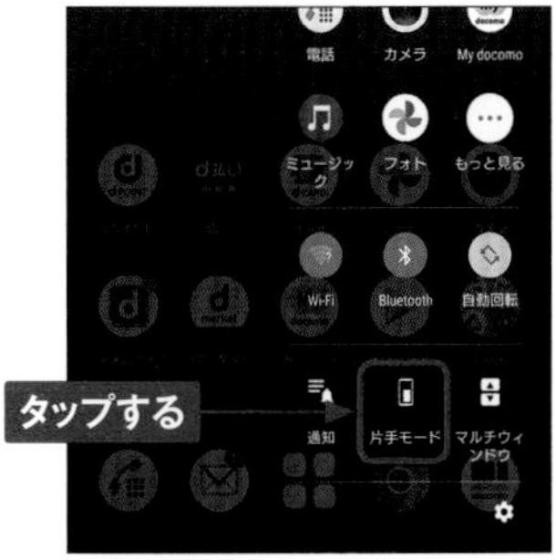

③ 片手モードで画面が表示されます。右利きの場合に合わせて右寄りで表示されるので、左利きの場合はをタップします。

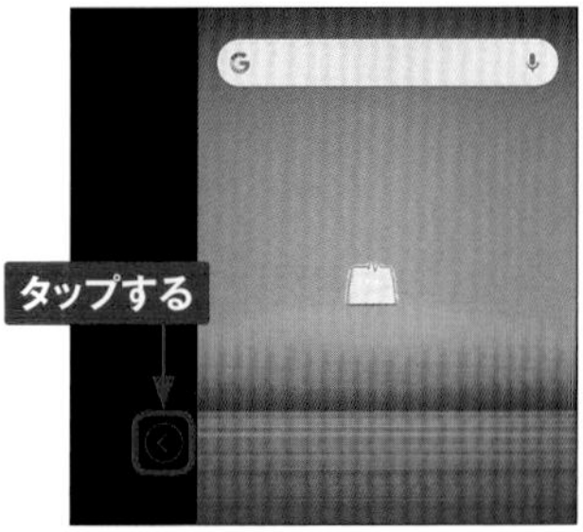

④ 左寄りで画面が表示されました。片手モードを終了したい場合は、縮小画面の外側をタップします。

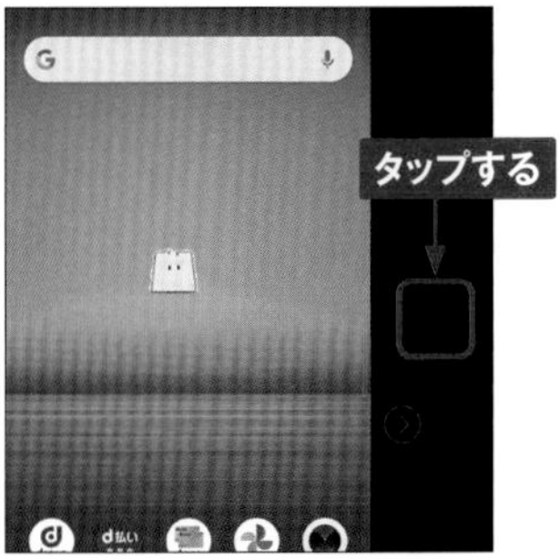

Section 64

ゲームを快適に遊ぶ

Application

Xperia 5 IIには「Game enhancer」という機能があり、アプリからの通知などによってゲームのプレイが邪魔されないように設定することができます。

Game enhancerを利用する

① アプリ一覧画面で＜Game enhancer＞をタップします。

すべてのアプリ
つかった順
dフォト
dポイント
dマーケット
タップする
Disney DX
Duo
Facebook
FMラジオ
Gmail
Google
Google One
Google Pay

② Geme enhancerについての説明が表示されるので、＜次へ＞を3回タップします。

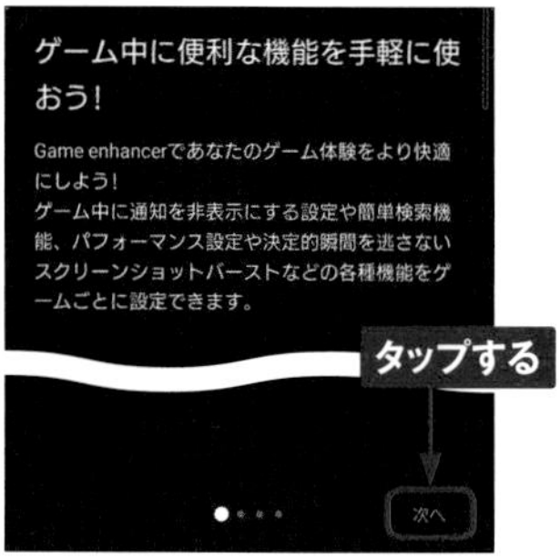
ゲーム中に便利な機能を手軽に使おう！
Game enhancerであなたのゲーム体験をより快適にしよう！
ゲーム中に通知を非表示にする設定や簡単検索機能、パフォーマンス設定や決定的瞬間を逃さないスクリーンショットバーストなどの各種機能をゲームごとに設定できます。
タップする
次へ

③ メニューの表示形式を選択して、＜了解＞をタップします。

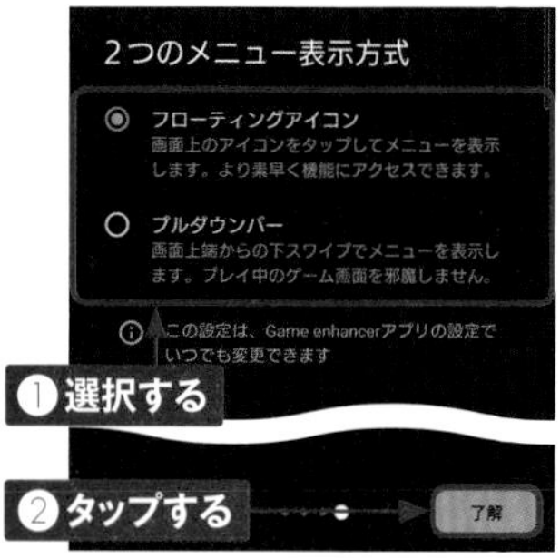
2つのメニュー表示方式
フローティングアイコン
画面上のアイコンをタップしてメニューを表示します。より素早く機能にアクセスできます。
プルダウンバー
画面上端からの下スワイプでメニューを表示します。プレイ中のゲーム画面を邪魔しません。
この設定は、Game enhancerアプリの設定でいつでも変更できます
❶選択する
❷タップする
了解

④ ＜権限を付与＞をタップし、＜許可＞を数回タップすると、Game enhancerの設定が完了します。

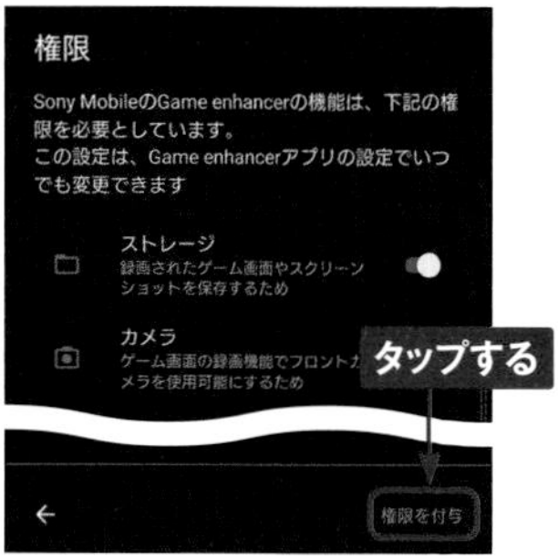
権限
Sony MobileのGame enhancerの機能は、下記の権限を必要としています。
この設定は、Game enhancerアプリの設定でいつでも変更できます
ストレージ
録画されたゲーム画面やスクリーンショットを保存するため
カメラ
ゲーム画面の録画機能でフロントカメラを使用可能にするため
タップする
権限を付与

Section 65

スクリーンショットを撮る

表示中の画面はかんたんに撮影（スクリーンショット）できます。撮影できないものもありますが、重要な情報が表示されている画面は、スクリーンショットで残しておくと便利です。

本体キーでスクリーンショットを撮影する

① 撮影したい画面を表示して、電源キーと音量キーの下側を同時に1秒以上押します。

② 画面が撮影されます。ホーム画面に戻り、「フォト」アプリを起動します（Sec.49参照）。

③ ＜ライブラリ＞→＜Screenshots＞の順にタップし、撮影したスクリーンショットをタップします。

④ 撮影した画面が表示されます。画面をタップして◀を何度かタップすると、もとの画面に戻ります。

MEMO スクリーンショットの保存場所

撮影したスクリーンショットは、本体メモリーの「Pictures」フォルダ内の「Screenshots」フォルダに保存されます。

アラームをセットする

アラーム機能を利用することができます。指定した時刻になるとアラーム音やバイブレーションで教えてくれるので、目覚ましや予定が始まる前のリマインダーなどに利用できます。

アラームで設定した時間に通知する

1 P.20を参考に「アプリフォルダ」画面で＜時計＞をタップします。

2 ＜アラーム＞をタップして、 をタップします。

3 時刻を設定して、＜OK＞をタップします。

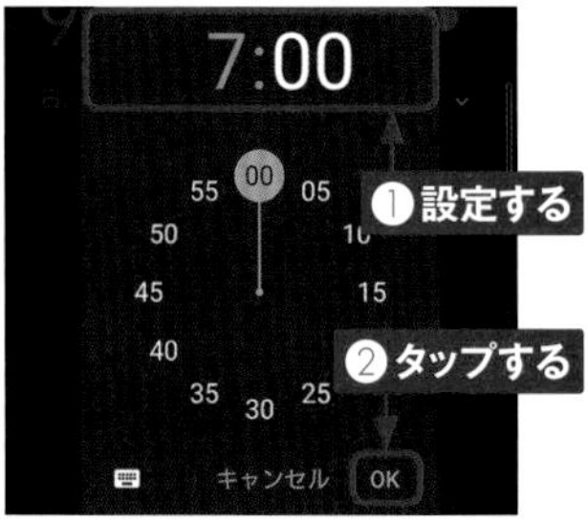

4 アラーム音などの詳細を設定する場合は、各項目をタップして設定します。

5 指定した時刻になると、アラーム音やバイブレーションで通知されます。 を右方向にドラッグするか、＜解除＞をタップすると、アラームが停止します。

Section 67

アプリのアクセス許可を変更する

アプリの初回起動時にアクセスを許可していない場合、アプリが正常に動作しないことがあります（P.20MEMO参照）。ここでは、アプリのアクセス許可を変更する方法を紹介します。

アプリのアクセスを許可する

① P.20を参考に「設定」アプリを起動し、＜アプリと通知＞→＜○個のアプリをすべて表示＞の順にタップします。

② 「アプリ情報」画面が表示されたら、アクセス許可を変更したいアプリ（ここでは＜カレンダー＞）をタップします。

③ 選択したアプリの「アプリ情報」画面が表示されたら＜許可＞をタップします。

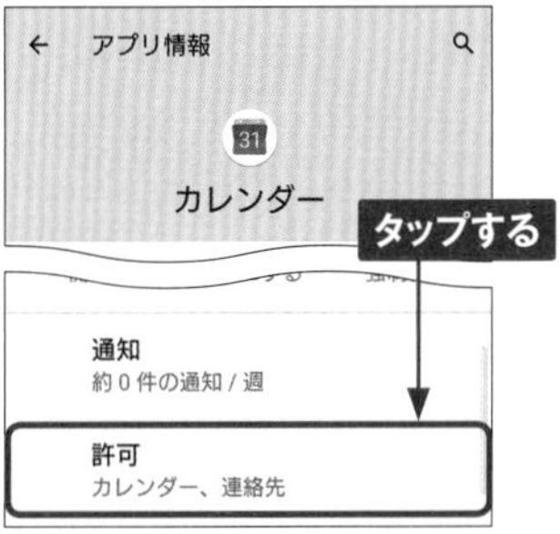

④ 「アプリの権限」画面が表示されたら、権限を変更したい項目をタップし、＜許可＞＜許可しない＞＜アプリの使用中のみ許可＞のいずれかをタップして、アクセス権限を変更します。

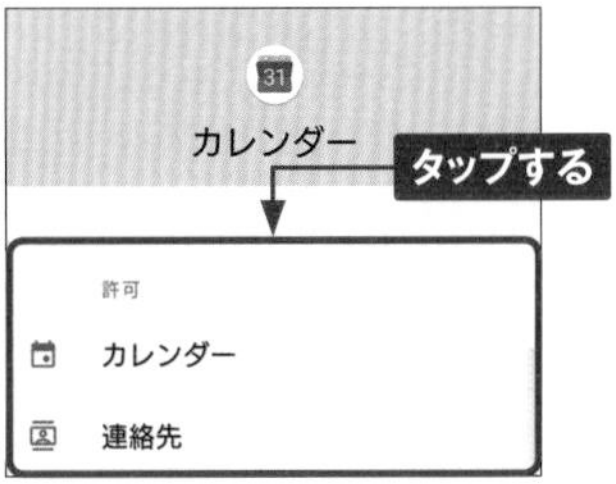

Section 68

おサイフケータイを設定する

Xperia 5 IIはおサイフケータイ機能を搭載しています。2020年12月現在、電子マネーの楽天Edyをはじめ、さまざまなサービスに対応しています。

おサイフケータイの初期設定を行う

① P.20を参考にアプリ一覧画面で<おサイフケータイ>をタップします。

② 初回起動時はアプリの案内が表示されます。画面の指示に従って操作します。

③ Googleアカウントとの連携を求められたら、<Googleでログイン>をタップして、次の画面でSec.12で作成したアカウントをタップします。<次へ>を何度かタップして進みます。

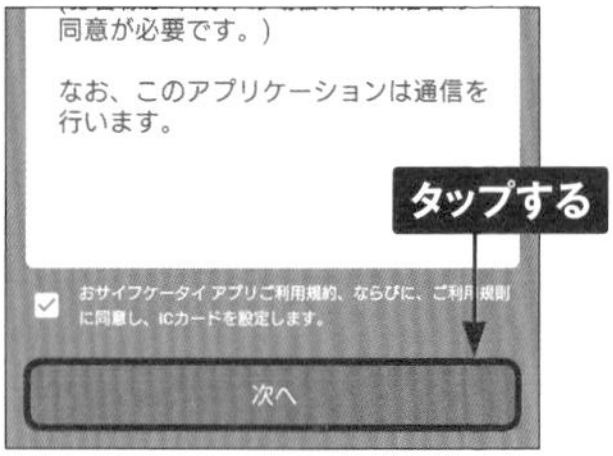

④ サービスの一覧が表示されます。説明が表示されたら画面をタップし、ここでは、<楽天Edy>をタップします。

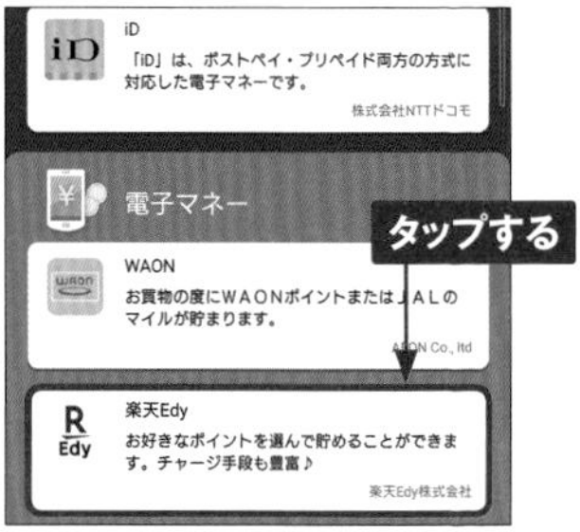

5 「おすすめ詳細」画面が表示されるので、<サイトへ接続>をタップします。

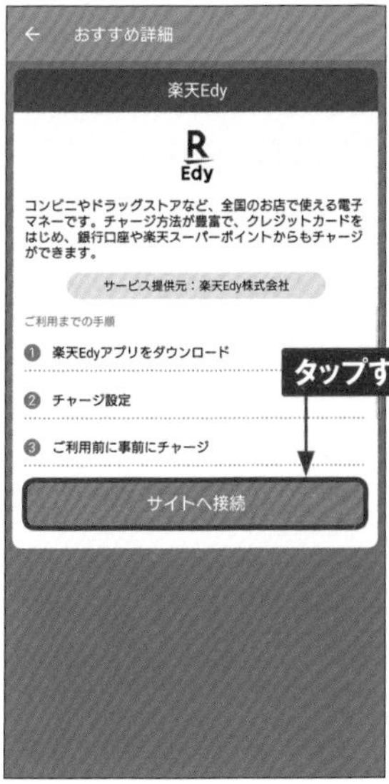

6 Google Playが表示されます。<インストール>をタップします。

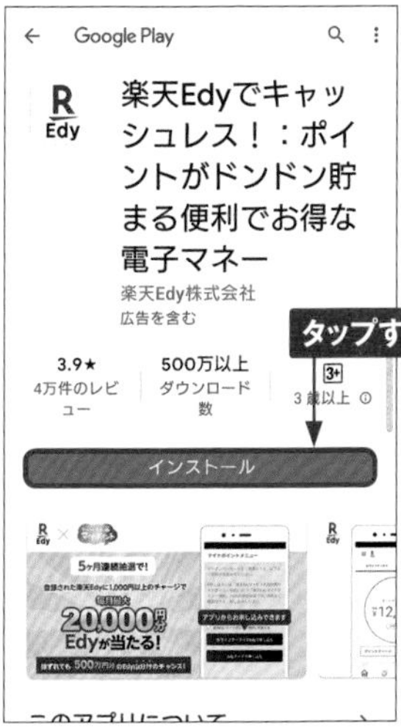

7 インストールが完了したら、<開く>をタップします。

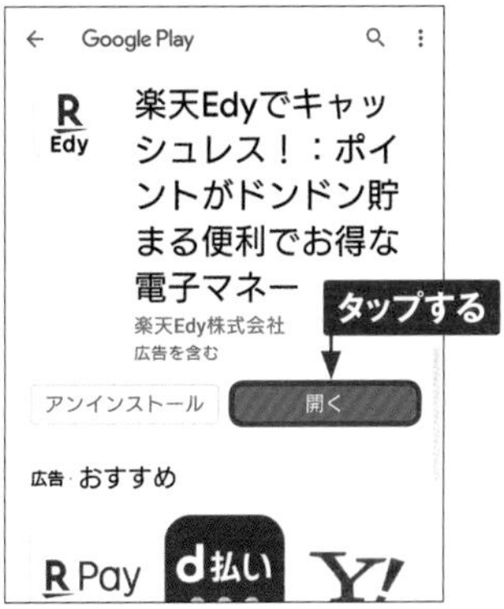

8 「楽天Edy」アプリの初期設定画面が表示されます。<はじめる>をタップし、画面の指示に従って初期設定を行います。

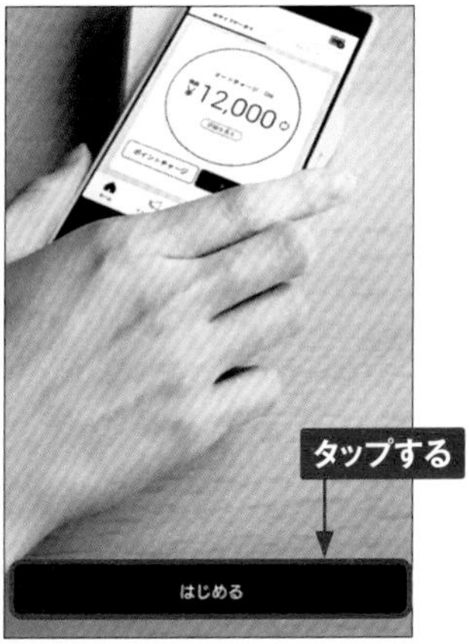

MEMO

おサイフケータイのかざし位置

おサイフケータイ機能を使う際にかざす位置は、本体背面のカメラレンズ付近です（P.8参照）。

Section 69

壁紙を変更する

ホーム画面では、撮影した写真などXperia 5 II内に保存されている画像を壁紙に設定することができます。ホーム画面の各画面ごとに異なる壁紙を設定することも可能です。

壁紙を変更する

① ホーム画面の何もないところをロングタッチします。

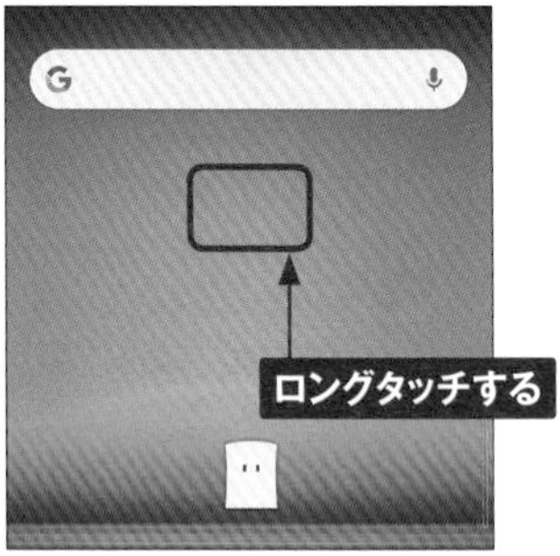

② 表示されたメニューの＜壁紙＞をタップします。アプリを選択して、＜常時＞か＜1回のみ＞をタップします。

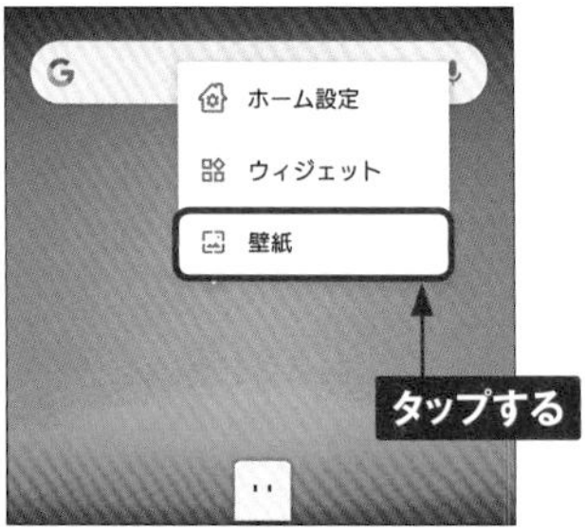

③ 撮影した写真を壁紙にするには、任意の写真をタップします。

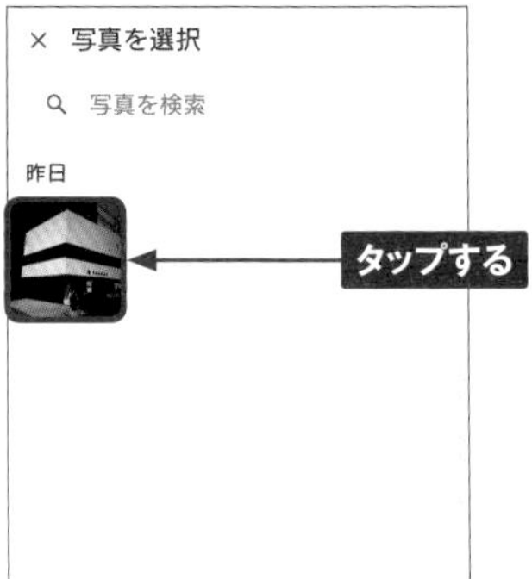

④ ＜壁紙を設定＞をタップします。

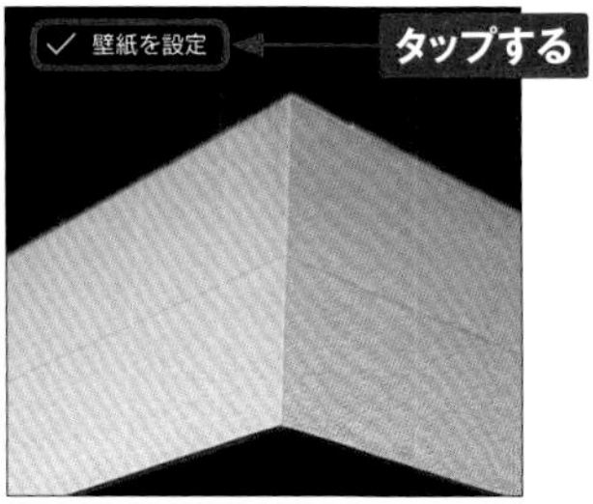

5 壁紙を設定したい画面を選択します。

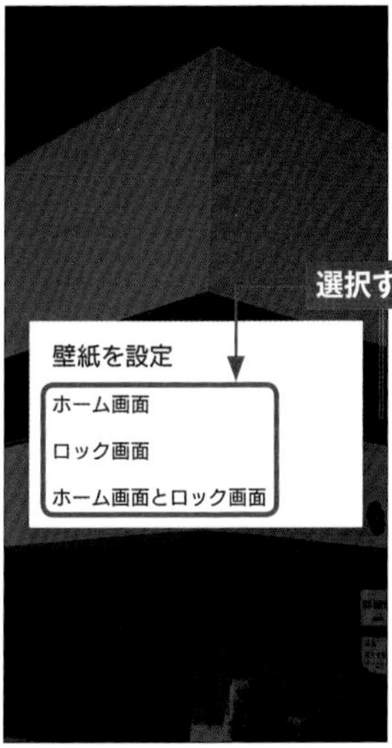

6 ホーム画面を表示すると、変更した壁紙が表示されます。

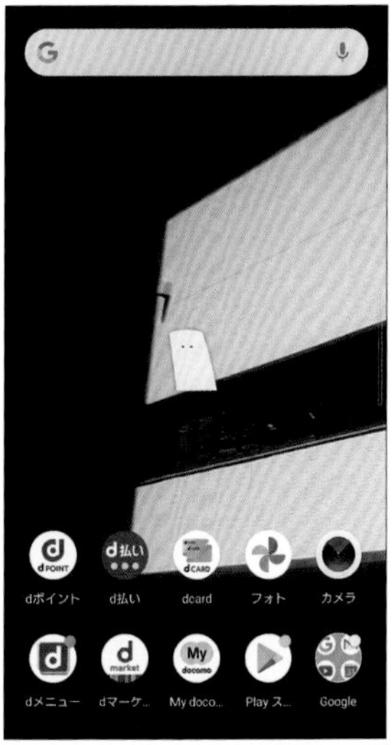

7 そのほかのタイプの壁紙を設定したい場合は「設定」アプリを起動し、<外観>→<壁紙>をタップします。

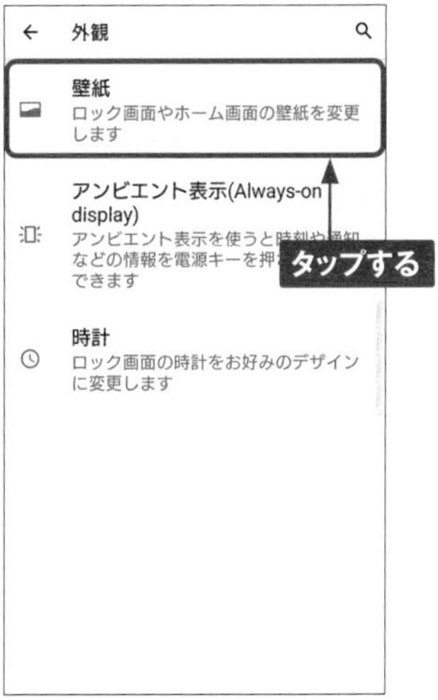

8 壁紙のタイプを選択できます。

7

Section 70

Wi-Fiを設定する

自宅のアクセスポイントや公衆無線LANなどのWi-Fiネットワークがあれば、モバイルネットワークを使わなくてもインターネットに接続できます。

Wi-Fi経由でインターネットを利用する

① P.20を参考に「設定」アプリを起動し、＜ネットワークとインターネット＞をタップします。「Wi-Fi」が の場合は、タップして にします。＜Wi-Fi＞をタップします。

② 接続先のWi-Fiネットワークをタップします。

③ パスワードを入力し、＜接続＞をタップすると、Wi-Fiネットワークに接続できます。

MEMO スマートコネクティビティとは

Xperia 5 IIに搭載されている「スマートコネクティビティ」は、Wi-Fiネットワークとモバイルネットワークの両方が利用可能なときに、よりよい方のネットワークに接続する機能です。移動中などでも通信が途切れないので快適な通信環境を維持できます。

Wi-Fiネットワークを追加する

① Wi-Fiネットワークに手動で接続する場合は、P.182手順②の画面を上方向にスライドし、画面下部にある<ネットワークを追加>をタップします。

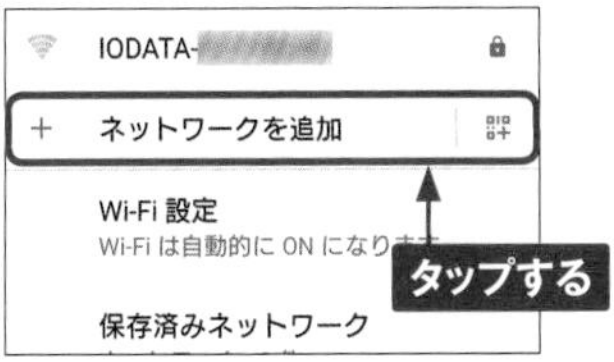

② 「ネットワーク名」にSSIDを入力し、「セキュリティ」の項目をタップします。

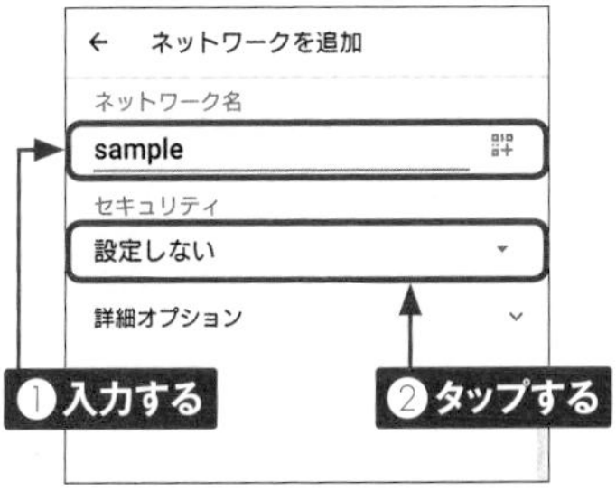

③ 適切なセキュリティの種類をタップして選択します。

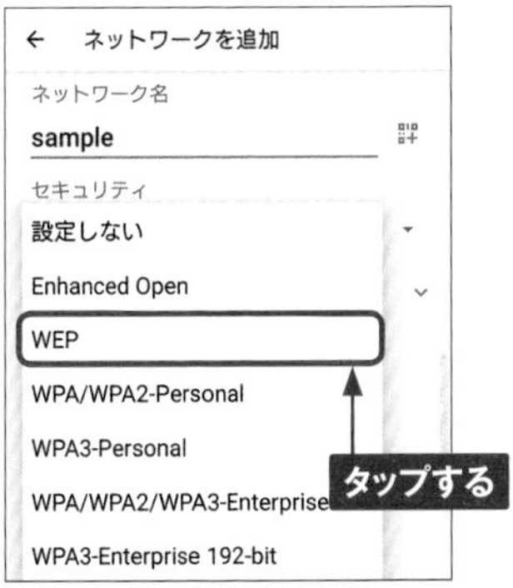

④ 「パスワード」を入力して<保存>をタップすると、Wi-Fiネットワークに接続できます。

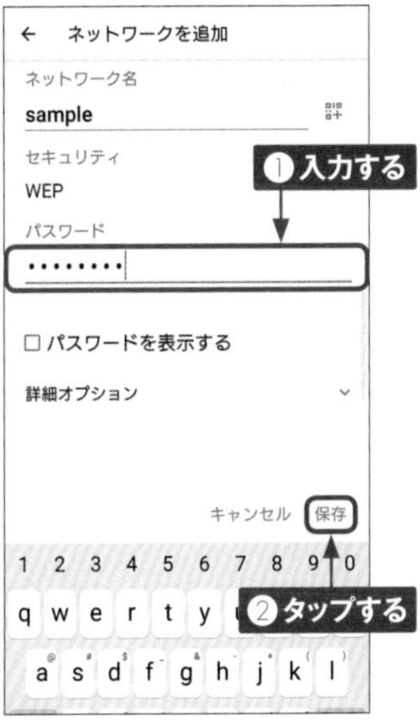

MEMO docomo Wi-Fiとは

Xperia 5 IIでは、NTTドコモが提供している公衆Wi-Fiサービス「docomo Wi-Fi」も利用できます。Wi-Fiをオンにしておけば、docomo Wi-Fiの提供エリアに入ると、SIMカードの情報を読み取って自動的に接続してくれます。なお、docomo Wi-Fiは2021年度中にサービス終了しますが、以降はdアカウントおよびdポイントカード（P.117参照）の利用者向けの新サービス「d Wi-Fi」が利用できます。

Section 71

Wi-Fiテザリングを利用する

「Wi-Fiテザリング」は、モバイルWi-Fiルーターとも呼ばれる機能です。Xperia 5 IIを経由して、同時に最大10台までのパソコンやゲーム機などをインターネットにつなげることができます。

7

Wi-Fiテザリングを設定する

1 P.20を参考に「設定」アプリを起動し、<ネットワークとインターネット>→<テザリング>の順にタップします。

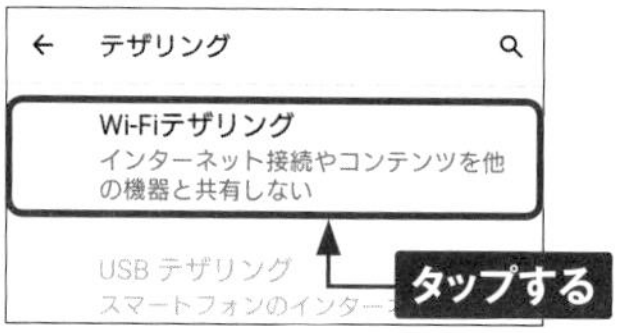

2 <Wi-Fiテザリング>→<Wi-Fiテザリング設定>の順にタップします。

3 任意のSSIDとパスワードを入力し、<保存>をタップします。

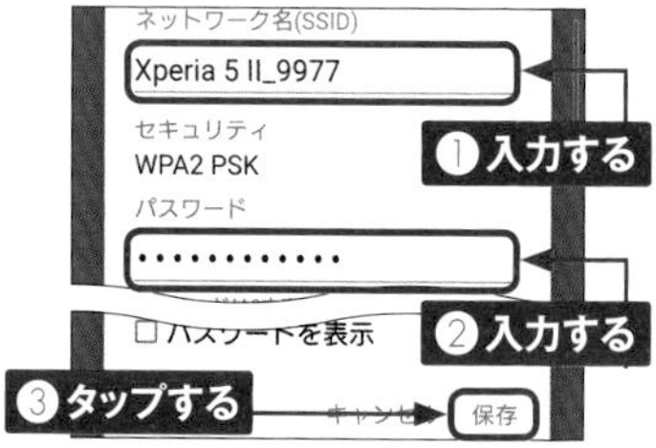

4 <OFF>をタップするとが に切り替わり、Wi-Fiテザリングがオンになります。ステータスバーに、Wi-Fiテザリング中を示すアイコンが表示されます。

MEMO Wi-Fiテザリングをオン/オフにするには

Wi-Fiテザリングを利用中、ステータスバーを2本指で下方向にドラッグし、<テザリング>をタップすると、Wi-Fiテザリングがオン/オフになります。

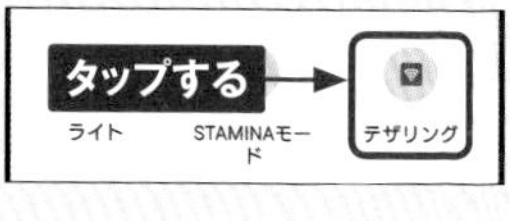

Section 72

STAMINAモードでバッテリーを長持ちさせる

Xperia 5 IIの省電力モードのうち、「STAMINAモード」は特定のアプリの通信やスリープ時の動作を制限して節電します。「緊急省電力モード」は機能を大幅に制限する、緊急用の節電機能です。

STAMINAモードを自動的に有効にする

1. P.20を参考に「設定」アプリを起動し、<バッテリー>→<STAMINAモード>の順にタップします。

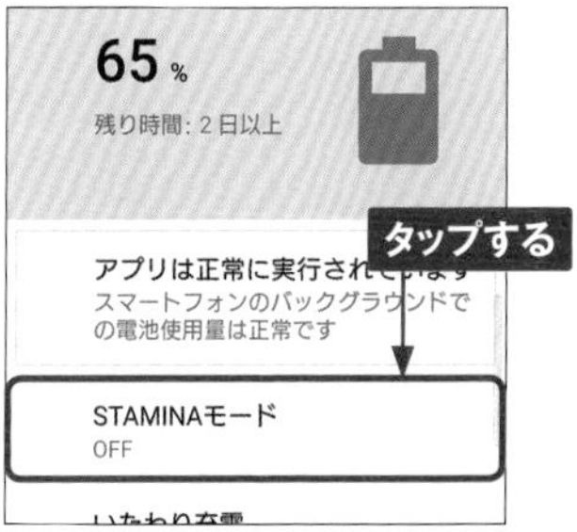

2. 「STAMINAモード」画面が表示されたら、<今すぐONにする>→<OK>の順にタップします。

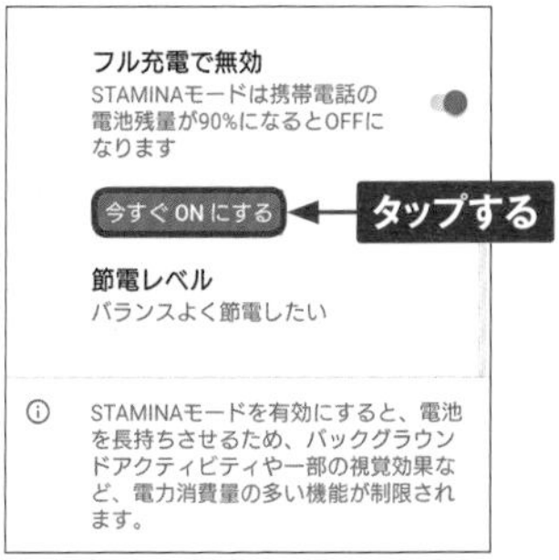

3. STAMINAモードが有効になったら、<スケジュールの設定>→<残量に基づく>をタップします。

4. スライダーを左右にドラッグすると、STAMINAモードが有効になるバッテリーの残量を変更できます。

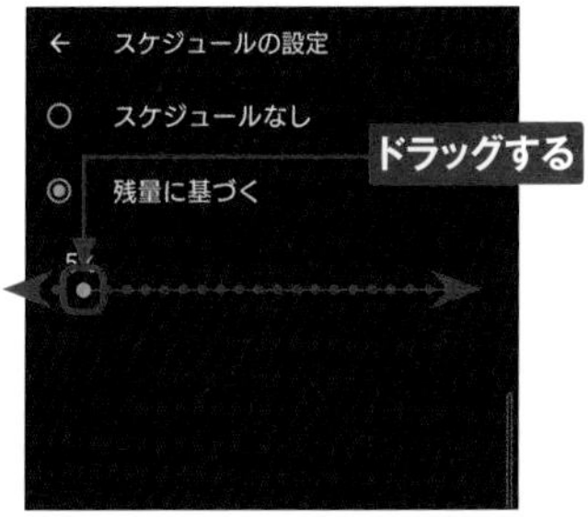

Section 73

Bluetooth機器を利用する

Xperia 5 IIはBluetoothとNFCに対応しています。ヘッドセットやスピーカーなどのBluetoothやNFCに対応している機器と接続すると、Xperia 5 IIを便利に活用できます。

Bluetooth機器とペアリングする

1 あらかじめ接続したいBluetooth機器をペアリングモードにしておきます。続いて、P.20を参考に「設定」アプリを起動します。

2 <機器接続>をタップします。

3 <接続の設定>→<Bluetooth>の順にタップします。

4 になっている場合は<OFF>をタップしてにし、<新しい機器とペア設定する>をタップします。

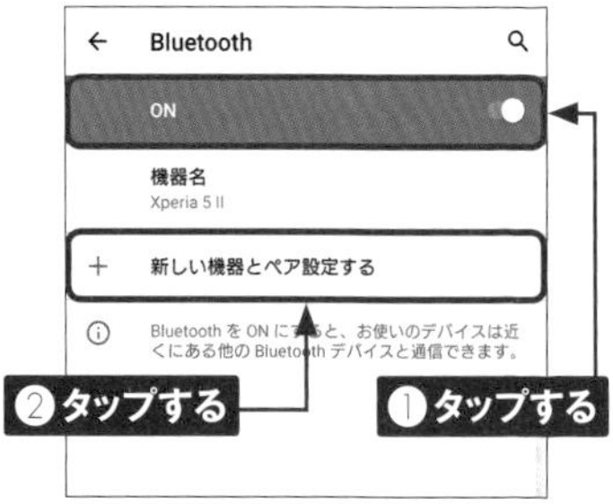

5 ペアリングする機器をタップします。

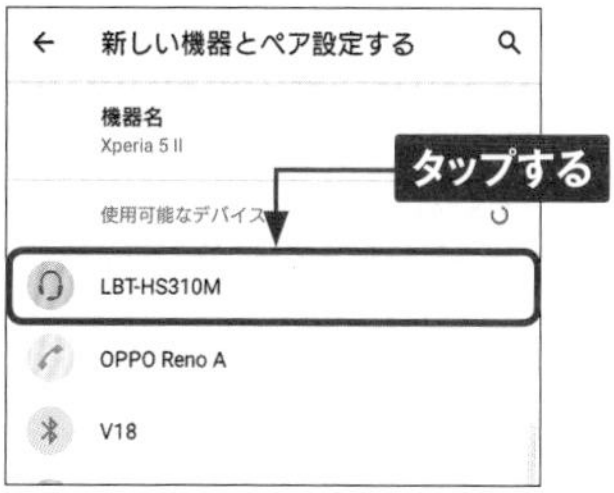

6 <ペア設定する>をタップします。機器によっては、パスワードの入力が必要になります。

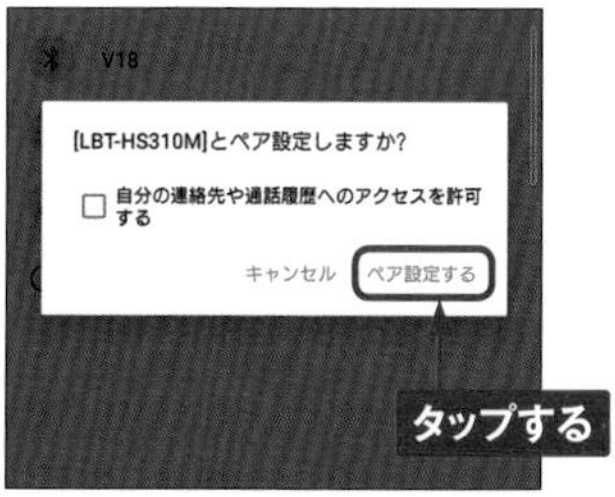

7 機器との接続が完了します。←を2回タップして、⚙をタップします。

8 利用可能な機能を確認できます。なお、<接続を解除>をタップすると接続解除され、<削除>をタップするとペアリング解除されます。

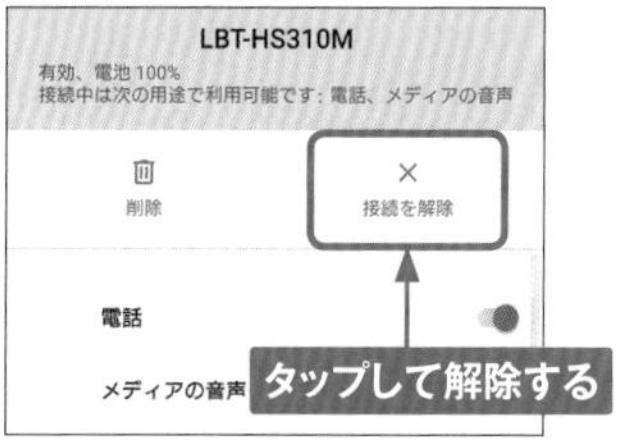

MEMO NFC対応のBluetooth機器の利用方法

Xperia 5 IIに搭載されているNFC（近距離無線通信）機能を利用すれば、NFC対応のBluetooth機器とのペアリングや接続がかんたんに行えます。NFCをオンにするには、P.186手順③の画面で「NFC／おサイフケータイ」が になっている場合はタップして、 にします。Xperia 5 IIの背面カメラを対応機器のNFCマークに近づけると、ペアリングの確認通知が表示されるので、<ペアに設定して接続>→<ペア設定する>の順にタップすれば完了です。あとは、NFC対応機器にタッチするだけで、接続／切断を自動で行ってくれます。

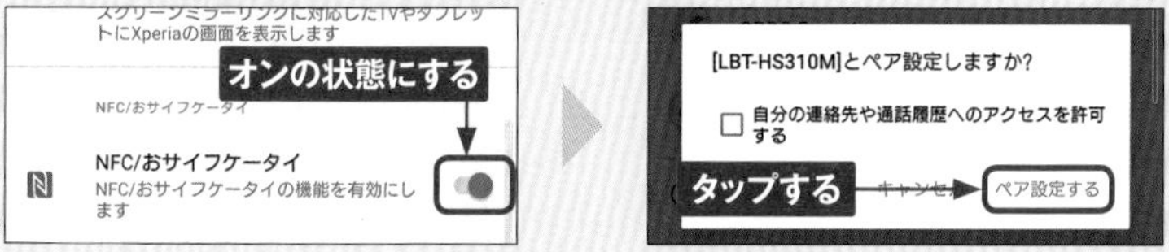

Section 74

本体ソフトウェアをアップデートする

本体のソフトウェアは更新が提供される場合があります。ソフトウェアアップデートを行う際は、事前にSec.41を参考にデータのバックアップを行っておきましょう。

ソフトウェアアップデートを確認する

① P.20を参考に「設定」アプリを起動し、<システム>をタップします。

② <詳細設定>をタップします。

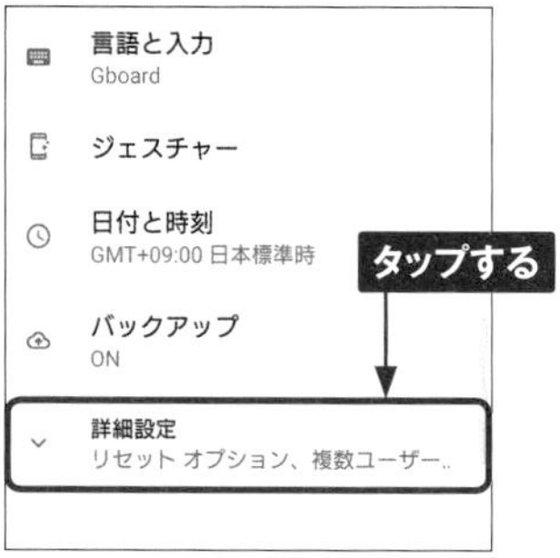

③ <システムアップデート>をタップします。

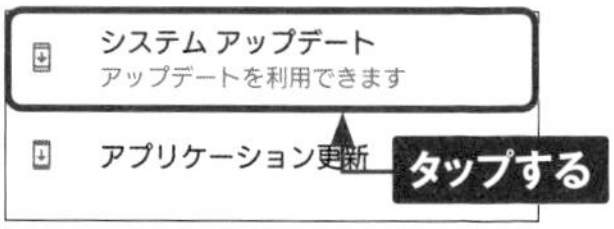

④ アップデートがある場合は、<再開>をタップするとダウンロードとインストールが行われます。

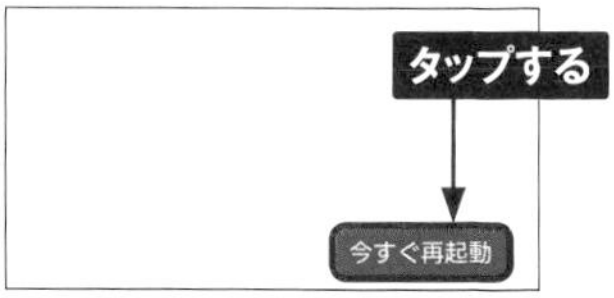

MEMO ソニー製アプリの更新

一部のソニー製アプリは、Google Playでは更新できません。手順③の画面で<アプリケーション更新>をタップすると更新可能なアプリが表示されるので、<インストール>→<OK>の順にタップして更新します。

Section 75

初期化する

動作が不安定なときは、初期化すると改善する場合があります。なお、重要なデータはSec.41を参照して事前にバックアップを行っておきましょう。

工場出荷状態に初期化する

1 P.188手順③の画面で、<リセットオプション>をタップします。

2 <すべてのデータを消去>をタップします。

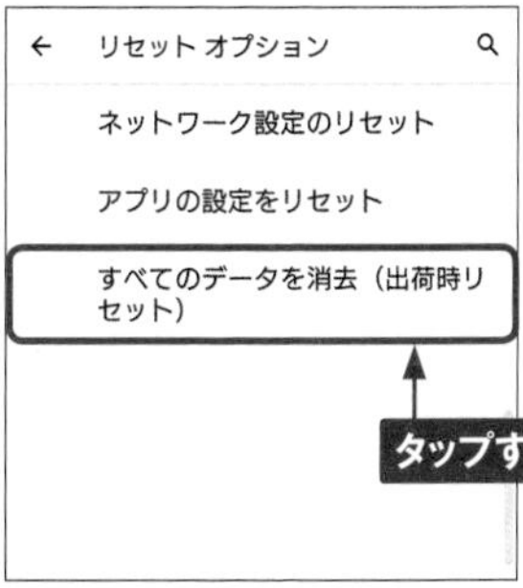

3 メッセージを確認して、<すべてのデータを消去>をタップします。

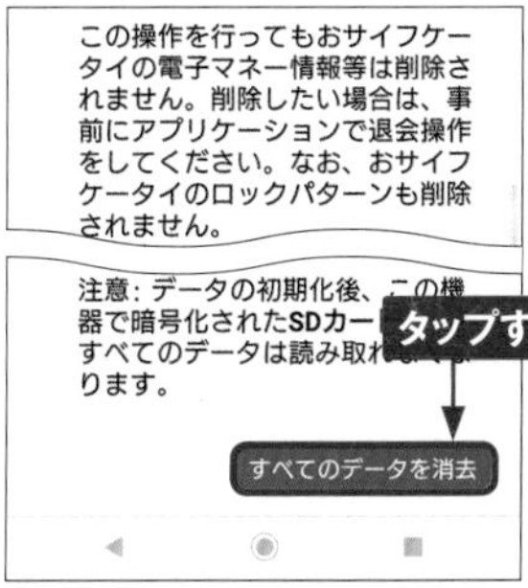

4 <すべてのデータを消去>をタップすると、初期化されます。

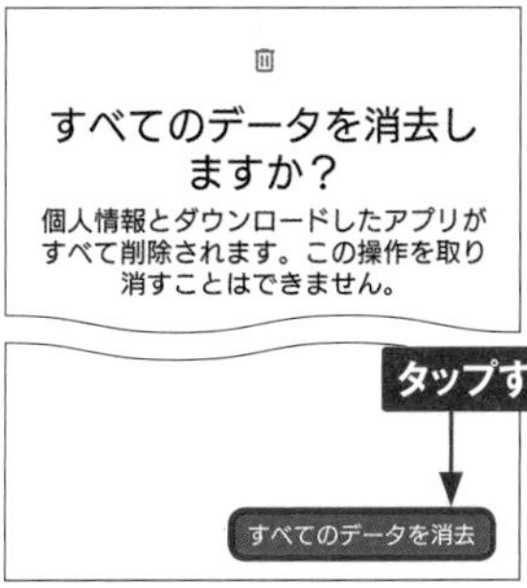

索引

記号・数字・アルファベット

あ行

か行

さ行

た行

な・は行

ま行

や・ら行

お問い合わせについて

本書に関するご質問については、本書に記載されている内容に関するもののみとさせていただきます。本書の内容と関係のないご質問につきましては、一切お答えできませんので、あらかじめご了承ください。また、電話でのご質問は受け付けておりませんので、必ずFAXか書面にて下記までお送りください。
なお、ご質問の際には、必ず以下の項目を明記していただきますようお願いいたします。

1 お名前
2 返信先の住所またはFAX番号
3 書名
（ゼロからはじめる　ドコモ Xperia 5 II SO-52A　スマートガイド）
4 本書の該当ページ
5 ご使用のソフトウェアのバージョン
6 ご質問内容

なお、お送りいただいたご質問には、できる限り迅速にお答えできるよう努力いたしておりますが、場合によってはお答えするまでに時間がかかることがあります。また、回答の期日をご指定なさっても、ご希望にお応えできるとは限りません。あらかじめご了承くださいますよう、お願いいたします。ご質問の際に記載いただきました個人情報は、回答後速やかに破棄させていただきます。

■ **お問い合わせの例**

FAX

1 お名前
技術　太郎

2 返信先の住所またはFAX番号
03-XXXX-XXXX

3 書名
ゼロからはじめる
ドコモ Xperia 5 II SO-52A
スマートガイド

4 本書の該当ページ
40ページ

5 ご使用のソフトウェアのバージョン
Android 10

6 ご質問内容
手順3の画面が表示されない

お問い合わせ先

〒162-0846
東京都新宿区市谷左内町21-13
株式会社技術評論社　書籍編集部
「ゼロからはじめる　ドコモ Xperia 5 II SO-52A　スマートガイド」質問係
FAX番号　03-3513-6167
URL：https://book.gihyo.jp/116

ゼロからはじめる ドコモ Xperia《エクスペリア》 5 II SO《ファイブマークツーエスオー》-52A《ゴニエー》 スマートガイド

2021年2月6日　初版　第1刷発行

著者……………技術評論社編集部《ぎじゅつひょうろんしゃへんしゅうぶ》
発行者……………片岡　巌
発行所……………株式会社　技術評論社
東京都新宿区市谷左内町21-13
電話……………03-3513-6150　販売促進部
03-3513-6160　書籍編集部
編集……………早田　治
装丁……………菊池　祐（ライラック）
本文デザイン・DTP……………リンクアップ
製本／印刷……………図書印刷株式会社

定価はカバーに表示してあります。

落丁・乱丁がございましたら、弊社販売促進部までお送りください。交換いたします。

ISBN978-4-297-11918-8 C3055

Printed in Japan